U0243164

海洋经济蓝皮书：
中国海洋经济分析报告
（2021）

Blue Book of China's Marine Economy (2021)

中国海洋大学　国家海洋信息中心 / 编著

中国海洋大学出版社
·青岛·

图书在版编目（CIP）数据

中国海洋经济分析报告.2021／中国海洋大学，国家海洋信息中心编著.—青岛：中国海洋大学出版社，2021.8

（海洋经济蓝皮书）

ISBN 978-7-5670-2903-3

Ⅰ.①中… Ⅱ.①中… ①国… Ⅲ.①海洋经济—经济发展—研究报告—中国—2021 Ⅳ.① P74

中国版本图书馆 CIP 数据核字（2021）第 167735 号

出版发行	中国海洋大学出版社
社　　址	青岛市香港东路23号　　邮政编码　266071
网　　址	http://pub.ouc.edu.cn
出 版 人	杨立敏
责任编辑	张　华　　　　　　　电　　话　0532-85902342
电子信箱	zhanghua@ouc-press.com
订购电话	0532-82032573（传真）
印　　制	青岛国彩印刷股份有限公司
版　　次	2021 年 8 月第 1 版
印　　次	2021 年 8 月第 1 次印刷
成品尺寸	170 mm × 235 mm
印　　张	17.5
字　　数	284 千
定　　价	168.00 元

发现印装质量问题，请致电 0532-58700168，由印刷厂负责调换。

前言
Preface

　　2020 年，面对突如其来的新冠肺炎疫情、世界经济深度衰退等多重严重冲击，海洋经济面临前所未有的挑战。在以习近平同志为核心的党中央的坚强领导下，沿海地方和涉海部门坚决推进海洋经济高质量发展，扎实做好海洋经济领域"六稳""六保"工作，海洋经济呈现总量收缩、结构优化的发展态势。《2020 年中国海洋经济统计公报》显示，全国海洋生产总值 80010 亿元，主要海洋产业稳步恢复，海洋油气业、海洋渔业、海洋交通运输业、海洋工程建筑业、海洋船舶工业等海洋产业实现正增长，表现出较强韧性，海洋经济高质量发展态势不断巩固，蓝色经济新空间不断拓展。

　　2021 年是"十四五"规划的开局年，我国开启全面建设社会主义现代化国家的新征程，海洋经济发展的外部环境和内部条件将发生复杂而深刻的变化。为了更好地把握海洋经济发展形势和研判海洋经济高质量发展中的重大问题，中国海洋大学和国家海洋信息中心联合组建课题组，编写了《海洋经济蓝皮书：中国海洋经济分析报告（2021）》。本书分为总报告、宏观篇、产业篇、区域篇、专题篇，不仅具有一个完整的框架体系，而且各个篇章均具有较强的独立性。其中，"总报告"分析了 2020 年中国海洋经济发展形势；"宏观篇"包括中国海洋经济发展水平评估、中国海洋经济对外合作情况、"十三五"时期中国海洋经济政策；"产业篇"包括海洋渔业、海洋油气业、海洋药物和生物制品业、海洋电力业、海水淡化与综合利用业、船舶和海洋工程装备制造业、海洋交通运输业、海洋旅游业的发展情况；"区域篇"包括北部海洋经济圈、东部海洋经济圈、南部海洋经济圈、粤港澳大湾区的海洋经济发展形势；"专题篇"包括新冠肺炎疫情对中国海洋经济发展的影响分析、金融支持中国海洋经济发展的对策分析、国际海洋产业发展比较分析、"十四五"时期我国海洋经济发展政策取向。

本书适用于高校、科研机构和政府部门等相关单位的经济管理人士、经济研究人员以及关心海洋经济发展的广大读者。希望本书的出版能够为科学把握我国海洋经济发展趋势、了解我国主要海洋产业发展状况、明晰区域海洋经济发展特征提供科学支撑和决策参考。本书在撰写过程中得到了澳门科技大学刘成昆教授的帮助，完成了粤港澳大湾区海洋经济发展形势分析报告，在此表示感谢！

本书几经修正，得以成稿。但书中难免有不足之处，恳请广大读者批评与指正，我们将在今后的工作中不断改进和完善，为我国海洋经济发展贡献绵薄之力。

本书编委会

2021 年 7 月

目 录
CONTENTS

I 总报告

2020年中国海洋经济发展形势分析 ………………………………………… 002

II 宏观篇

1 中国海洋经济发展水平评估 …………………………………………… 014

2 中国海洋经济对外合作情况 …………………………………………… 031

3 "十三五"时期中国海洋经济发展政策 …………………………… 041

III 产业篇

1 海洋渔业发展情况 ………………………………………………………… 064

2 海洋油气业发展情况 …………………………………………………… 071

3 海洋药物和生物制品业发展情况 …………………………………… 079

4 海洋电力业发展情况 …………………………………………………… 088

5 海水淡化与综合利用业发展情况 …………………………………… 098

6 船舶与海工装备制造业发展情况 …………………………………… 108

7 海洋交通运输业发展情况 ……………………………………………… 115

8 海洋旅游业发展情况 …………………………………………………… 124

Ⅳ　区域篇

1　北部海洋经济圈海洋经济发展形势 ·················· 136

2　东部海洋经济圈海洋经济发展形势 ·················· 152

3　南部海洋经济圈海洋经济发展形势 ·················· 168

4　粤港澳大湾区海洋经济发展形势 ··················· 187

Ⅴ　专题篇

1　新冠肺炎疫情对中国海洋经济发展的影响分析 ·········· 202

2　金融支持中国海洋经济发展的对策分析 ·············· 213

3　国际海洋产业发展比较分析 ···················· 231

4　"十四五"时期我国海洋经济发展政策取向 ············ 241

参考文献·································· 254

总报告

2020 年中国海洋经济发展形势分析

2020 年国际环境复杂多变，新冠肺炎疫情蔓延，面对环境的不确定性，中国政府果断采取系列措施，团结全国各族人民，众志成城，齐心抗"疫"。新冠肺炎疫情阻击战取得重大胜利，国民经济增长迅速转负为正，海洋经济逐渐复苏，海洋产业转型升级继续推进，现代海洋产业持续发展，海洋对外贸易发展总体向好。2021 年为"十四五"规划开局之年，在宏观经济总体平稳、政策环境持续优化、海洋资源蕴藏丰富、科技环境显著改善的背景下，海洋经济延续恢复性增长形势明朗。可以预见，未来海洋经济的发展必将坚定不移地贯彻新发展理念，以科技创新为主要手段，朝着海洋产业高端化、集群化、国际化、信息化与智能化发展，海洋经济、海洋社会、海洋资源、海洋环境以及海洋科技将协同进步，从而全面推进海洋经济高质量发展，加快建设海洋强国。

一、中国海洋经济发展环境

2020 年，突如其来的新冠肺炎疫情扰乱了正常的经济运行步伐，加剧了国际环境的动荡，是新中国历史乃至世界历史上极不平凡的一年。但在以习近平同志为核心的党中央领导下，中国宏观经济增速实现V形反转，海洋经济向强发展的基本面仍没有改变。依靠丰富的海洋资源储备，中国政府极力为海洋经济发展构建良好的政策环境，并持续提升现有海洋科技水平，促进中国由海洋大国向海洋强国迈进。

（一）宏观经济增速V形反转

2020 年，百年不遇的新冠肺炎疫情给中国宏观经济带来了前所未有的挑战。但在中国政府的科学统筹下，"六稳"工作扎实做好、"六保"任务全面落实，经济运行稳定恢复、好于预期，发展目标任务全面完成，"十三五"规划圆满收官。2020 年，一季度国内生产总值同比下降 6.8%，二季度增长 3.2%，三季度增长 4.9%，四季度增长 6.5%，全年国内生产总值达 101.6 万亿元，比上年增长 2.3%，中国是全球唯一实现经济正增长的主要经济体。[①]按年平均汇率折算，2020 年，中国经济总量占世界经济的比重预计超过 17%，大国地位进一步巩固。中国宏观经济增速实现V形反转，推动了海洋强国建设，助力中国海洋经济发展迈向新台阶。

（二）海洋经济发展政策环境持续优化

中国在财政政策、金融政策、产业政策、对外贸易政策等方面发布了海洋相关政策文件，海洋经济发展的政策环境得到持续优化，有助于推动海洋经济高质量发展。

财政政策。财政部发布了《海洋生态保护修复资金管理办法》等文件，明确海洋生态保护修复资金支持范围，具体包括生态保护、修复治理、能力建设以及生态补偿等。旨在加强和规范海洋生态保护修复资金管理，提高资金使用效益及促进海洋生态文明建设和海域的合理开发、可持续利用。

金融政策。交通运输部等机构发布了《关于大力推进海运业高质量发展的指导意见》《关于推进海事服务粤港澳大湾区发展的意见》等文件，指出要大力发展航运金融保险，鼓励有条件的地方发展航运运价衍生品交易，以完善海洋保险产品服务体系；支持广州南沙区发展航运金融、船舶租赁等特色金融发展，

---

① 数据来源：国家统计局网站（http://www.stats.gov.cn/）

探索建立国际航运保险等创新型保险要素交易平台，更好地服务粤港澳大湾区海洋经济发展。

产业政策。国务院发布了《关于促进国家高新技术产业开发区高质量发展的若干意见》等文件，明确了大力培育发展新兴产业，推动数字经济、平台经济、智能经济和分享经济持续壮大发展，推进互联网、大数据、人工智能同实体经济深度融合，促进产业向智能化、高端化、绿色化发展；立足区域资源禀赋和本地基础条件，发挥比较优势，因地制宜、因园施策，聚焦特色主导产业，加强区域内创新资源配置和产业发展统筹，优先布局相关重大产业项目，推动形成集聚效应和品牌优势，做大做强特色主导产业，避免趋同化；发挥主导产业战略引领作用，带动关联产业协同发展，形成各具特色的产业生态。

对外贸易政策。国务院办公厅发布了《关于进一步做好稳外贸稳外资工作的意见》等文件，针对外资进入的大型涉海项目，加大补贴力度和用海方面服务保障力度，增大对涉海外资的吸引力。

（三）国际环境不确定性突出

当今世界正处于百年未有之大变局中，国际关系呈现多重变化趋势，全球多边机制与区域合作机制不断强化。"一带一路"倡议倡导的"和而不同、兼容并蓄"发展理念，拓宽了传统国际海洋合作的内涵，构建了积极的蓝色伙伴关系。国际社会广泛倡导海洋经济的可持续发展，主张在保护海洋生态系统的同时，促进海洋经济增长。这势必引起新一轮的海洋资源可持续开发利用热潮，促使海洋经济竞争向海洋资源集约化利用集中，并有望实现相关科技创新能力的重大突破。在人力、物力、财力加快向海洋经济领域流动过程中，海洋在全球中的战略地位将日益凸显。同时需要注意的是，由于存在新冠肺炎疫情全球性蔓延、大国博弈和地缘政治较量加剧、反全球化和逆全球化力量强化、保护主义和孤立主义势力抬头、海洋资源环境约束加剧、全球极端天气事件频发等问题，未来国际环境仍面临很大的不确定性。

二、中国海洋经济发展特征

2020 年，面对突如其来的新冠肺炎疫情和严峻复杂的国际环境，沿海地区和有关部门扎实做好"六稳"工作，全面落实"六保"任务，海洋经济发展逐季恢复，海洋产业结构持续优化，海洋经济表现出较强韧性，海洋经济高质量发展态势得到进一步巩固。

（一）海洋经济总量略有下降但复苏迹象明显

2020 年，新冠肺炎疫情等因素对海洋经济造成巨大冲击，国内消费受到抑制，外需明显下滑，海洋经济出现了 2001 年有统计数据以来的首次负增长。

2020 年全国海洋生产总值 80010 亿元，比上年下降 5.3%。尤其是中国海洋生产总值中占比最大的海洋旅游业，受疫情冲击最大。旅游景区关停，游客锐减，产业增加值与上年相比下降了 24.5 个百分点，是海洋经济整体下降的主要原因之一。与此同时，海洋油气业、海洋渔业、海洋交通运输业、海洋工程建筑业、海洋船舶工业等海洋产业则快速复苏，产业增加值实现正增长，增速分别为 7.2%、3.1%、2.2%、1.5% 和 0.9%。[①]

（二）政策助企纾困成效显著

为应对新冠肺炎疫情影响，党中央、国务院及时加大宏观政策应对力度，有序复工复产，大力助企纾困。有关部门和沿海地方政府出台了推迟缴纳海域使用金、提高供水补贴和用电优惠、加大财政奖励等一系列政策措施，海洋经济活动单位经营效益逐步恢复，市场活力不断释放，保市场主体任务取得实效。

调查监测结果显示，76%的海洋经济活动单位就业人数比上年年底增长或持平；全年重点监测的规模以上海洋工业企业营收、利润降幅连续 7 个月

---

① 数据来源：自然资源部网站（http://www.mnr.gov.cn/）

收窄；全年营业收入利润率为 4.6%，比前三季度增加 0.3 个百分点；全年每百元营业收入中成本为 83 元，比前三季度下降 0.8 个百分点。重点监测行业中新登记海洋经济活动单位数量比上年下降 15.6%，降幅连续 9 个月收窄。

（三）民生保障进一步改善

海洋经济在民生保障方面发挥了积极作用。一是"2020 年抗病毒海洋药物研究专项"启动，构建了靶点模型并向社会开放共享，加速了抗病毒药物的筛选进程。二是蓝色粮仓供应潜力进一步释放，全年新增国家级"海洋牧场"示范区 26 个，累计已达 136 个。三是海洋公共服务产品持续为社会公众提供便利，为避免人员经济损失，2020 年共发布海洋灾害预警 230 次，其中风暴潮预警 61 次，海浪预警 169 次。四是 2020 年全国海上风电新增装机 306 万千瓦，比上年增长 54.5%，LHD海洋潮流能发电站实现连续并网发电 46 个月，向国家电网送电量超 200 万千瓦时。

（四）海洋装备制造实力显著增强

中国持续推进海洋领域科技创新，海洋装备成果丰硕，有效提高了海洋产业链供应链的现代化水平。一是海洋渔业高技术专业化快速发展，10 万吨级智慧渔业大型养殖工船中间试验船"国信 101"号正式交付，开展了大黄鱼、大西洋鲑等主养品种深远海工船养殖中试试验，构建了深远海绿色养殖新模式。二是海洋船舶研发建造向高端化发展，17.4 万立方米液化天然气船、9.3 万立方米全冷式超大型液化石油气船等实现批量接单；23000 标准箱双燃料动力超大型集装箱船、节能环保 30 万吨超大型原油船、18600 立方米液化天然气加注船、大型豪华客滚船"中华复兴"号等顺利交付。三是深海技术装备研发实现重大突破，中国首艘万米级载人潜水器"奋斗者"号在马里亚纳海沟成功坐底，坐底深度 10909 米，创造了中国载人深潜的新纪录。四是海水利用技术取得新进展，开展了 100 万平方米超滤、纳滤及反渗透膜规模化示范应用，形成了 5000 吨 / 年海水冷却塔塔心构建加工制造能力。五是海上风电机组研发向大兆瓦方向发展，产业链条进一步延伸。国内首台自主知识产权 8 兆瓦海上风电机组安装成功，10 兆瓦海上风电叶片进入量产阶段。

（五）数字赋能海洋产业转型升级

新冠肺炎疫情为海洋领域的数字经济发展带来新机遇，海洋信息在保障人民生活、对冲行业压力、带动海洋经济复苏等方面发挥了积极作用。一是数字渔业赋能产业振兴，国内领先运用"北斗＋互联网＋渔业"的一站式渔业综合服务平台"海上鲜"覆盖了 41 个渔港。二是能源综合利用助力渔业养殖，采用光伏＋风力发电相融合的 5G"海洋牧场"平台"耕海一号"交付。三是海洋船舶实现在线交易常态化，利用"云洽谈""云签约""云交付"等模式，在保交船、争订单方面成效显著。四是 5G、人工智能、大数据、无接触服务等技术逐步改变了海洋领域传统的流通、消费和服务方式，为公众提供新体验。海上风电场向智能化方向发展，国内首个智慧化海上风力发电场在江苏实现了并网运行。

（六）海洋对外贸易新格局向高水平迈进

在新冠肺炎疫情和逆全球化浪潮下，海洋对外贸易逐季恢复，发展态势总体向好，对外开放新格局向高水平迈进。一方面，2020 年，中国与"21 世纪海上丝绸之路"沿线国家货物进出口总额达到 12624 亿美元，比上年增长 1.2%，对稳定国家对外贸易起到重要支撑作用；另一方面，海运贸易逆流而上，干散货、铁矿石、原油以及液化天然气进口量大幅增长，海运出口量逐季改善，四季度实现正增长。2020 年，中国海运进出口量增长了 6.7%，达 34.6 亿吨，占全球海运贸易量的比重从 27.1% 提高至 30%，为中国进出口实现 1.5% 的正增长贡献巨大。[①]

---

① 数据来源：中华人民共和国中央人民政府网站（http://www.gov.cn/）

三、中国海洋经济发展面临的问题和挑战

当前，中国海洋经济发展正处于向高质量发展的战略转型期。海洋经济发展中面临着诸多不充分、不协调、不可持续的问题，这些问题集中体现在科技创新不足、开发方式粗放、协调和公共服务能力不足三个方面。

（一）科技创新不足制约了海洋经济高质量发展

一是海洋核心技术、产业关键共性技术自给率低。例如，在高端船舶和海工装备制造领域，企业多以集成制造为主，不具备大量核心技术和关键配件的自主研发和生产能力，需要依赖进口，专利使用费、测试费等造成企业生产成本高，企业盈利空间很小。海水淡化在反渗透膜组件、高压泵、能量回收装置等关键核心技术装备方面有待进一步突破，万吨级海水淡化工程需要国外技术，海水循环冷却的强制标准和海水冷却化学品环境安全评价仍处于空白。二是产学研合作机制不畅。以海洋经济实力较强的山东省为例，全省科技成果中的基础性研究成果约占80%，应用性研究成果约占20%，可实现成果转化和产业化生产的技术成果则更少，科研成果与市场需求错位，尚未形成高校与企业的"定制式"合作研发模式。三是与海洋经济发展密切相关的基础领域研究水平不高。例如，中国在海洋生物技术和药物领域与国际最先进研究水平相比存在5—10年的差距，严重阻碍了海洋药物和生物制品业的发展；在全球大洋基础观测领域的相对欠缺，导致中国在国际上相关领域缺少话语权，或影响到未来开发极地和大洋的利益格局。

（二）开发方式粗放阻碍了海洋经济高质量发展

一是生态系统退化，生物资源衰退。例如，长期高强度的捕捞开发、水体污染和围填海活动使近海鱼虾种群量不断减少、渔业资源严重衰退、渔获低值化问题突显。二是用海矛盾突出，空间资源趋紧。例如，在一些海洋产业聚集区，特别是大城市岸线附近，由于岸线资源稀缺，各产业竞争性、粗

放性地抢占和使用岸线，生产、生活与生态空间缺乏协调，造成港城矛盾突显、亲水空间缺乏、生态空间受损等一系列问题。再如，油气资源开采区与现行海洋功能区划功能重叠、油气开发与海洋生态红线交织重叠等问题，均增加了海洋生态环境保护的潜在风险。三是产业布局趋同，资源利用效率低。例如，沿海港口布局密度大，同质化竞争问题尚存，资源浪费问题仍未完全解决。再如，中国水产品加工以劳动密集型的粗加工为主，产品附加值较低。

（三）协调和公共服务能力不足约束了海洋经济高质量发展

一是职能部门信息不对称致使海洋治理能力有待提高。如部分省份入海排污口的备案和监督管理分属不同部门，不利于入海排污口的统筹监控和监管；部分地区环境保护行政主管部门和海洋行政主管部门关于陆源污染情况和监测数据等方面不能做到信息共享，妨碍了对入海排污口的综合治理。二是政策错位导致创新环境较差。如深水养殖的水下投喂和观测设备方面，由于尚有大量政府补贴经费直接用于采购国外产品，使国内水下装备产业链培育较慢，很多技术上能够实现国产化的装备配件在国内发展迟缓，严重影响了国内海洋水下装备产业的发展。三是政府公共服务能力有待提高。如海洋资源资产价值评估、海洋产权交易、海洋数据服务、企业信息对接平台等领域仍需要开拓创新，为海洋经济营造更加顺畅的发展环境，减少因企业间、政企间和银企间信息不对称带来的问题。

四、中国海洋经济发展趋势

2021 年，中国海洋经济将延续恢复性增长态势，市场需求将逐步释放，海洋旅游业等海洋产业将会快速反弹。2021 年乃至整个"十四五"时期，海洋经济发展将坚定不移地贯彻新发展理念，全面推进海洋经济高质量发展，加快建设海洋强国。

（一）海洋经济将向增量提质迈进

海洋经济加速向好。中国不仅在抗击新冠肺炎疫情方面取得重大成果，而且经济社会生产生活快速恢复。旺盛的国内消费需求以及国际市场对中国产品攀升的依赖性，助推了中国海洋经济延续恢复性增长，为海洋经济加速向好奠定了坚实基础。海洋强国战略背景下，海洋经济将保持平稳较快发展，海洋经济加速向好，全国海洋生产总值实现回升态势稳健，海洋经济在国民经济中的地位和贡献将持续巩固。

海洋经济高质量发展态势明朗。2021年乃至整个"十四五"时期，中国都将坚持新发展理念，且海洋经济向高质量发展迈进形势明朗。海洋经济将以高质量发展为主题，进一步突出科技创新的核心地位，推动深水、绿色、安全、智能等海洋重点领域的核心装备和关键共性技术取得实质性突破，通过提高自主创新能力，全面提升海洋经济发展质量和水平。

（二）海洋战略性新兴产业将蓬勃发展

海洋工程装备制造业迎来国产化浪潮。深水钻井船、海上油气生产储运设备、海上风电机组等海洋能开发装备将成为发展重点，5G技术将推动无人船艇、水下机器人等新型海洋装备快速发展，新技术与政策环境的支持将进一步提升海洋工程装备制造业的竞争力，海洋装备龙头企业自主品牌将更加响亮。

海水淡化步入规模化、产业化。《海水淡化利用发展行动计划（2021—2025年）》等文件将逐渐推进海水淡化规模化利用，海水淡化示范工程、海水淡化示范城市、海水淡化示范工业园等示范区将成为建设重点，海水淡化产业补链、强链、延链等工作将循序推进，并协同推进海水淡化的规模化供水、运营管理以及政策机制创新，推动海水利用产业链供应链自主可控，提升海水利用全链条公共服务能力。

海洋药物和生物制品业持续腾飞。海洋创新药物、海洋生物医用功能材料、海洋功能性食品、海洋生物制品、新型海洋生物原料和海洋现代中药等产品的研发，以及海洋药物与生物制品科技成果转化平台的建设将是海洋药物和生物制品业的重要内容，通过产品开发与科技成果转化，将加快海洋药物和生物制品产业化进程，进一步助力海洋生物医药业持续腾飞。

现代海洋服务业繁荣发展。海洋产业转型升级给现代海洋服务业带来了新的挑战和机遇，日新月异的市场需求将推动现代海洋服务业繁荣发展。一是 2021 年中国港口在货物吞吐量上有蝉联世界第一之势，旺盛的市场需求将推动航运服务业转型升级，向专业化、智慧化方向发展。二是海洋旅游业迎来强劲复苏，海洋特色旅游目的地和航线，"海洋旅游＋"等滨海旅游模式，以及游艇经济等均将迎来重大机遇。做好海洋旅游高品质升级是把握海洋旅游业发展机遇的重要方向。三是金融服务海洋实体经济发展能力将得到进一步开发，信贷、基金、保险、融资租赁等涉海金融手段对海洋经济发展的撬动作用将进一步释放，特别是开发性、政策性金融的示范引领作用将逐渐显现。

（三）海洋领域数字经济将步入产业化阶段

"十四五"规划纲要中明确提出要"加快建设数字经济"，国家统计局于 2021 年 5 月 27 日公布了《数字经济及其核心产业统计分类》，确定了数字经济的主要内容。数字经济迎来政策东风，海洋经济也必将借助此次东风，掀起数字经济的浪潮。因此，海洋通信网络、海底数据中心、海底光纤电缆系统等海洋领域数字经济相关的新型基础设施，以及海洋大数据平台等将成为短期内的重点建设对象。随着海洋新型基础设施建设的推进，海洋领域数字经济将快速发展，步入海洋数字产业化阶段。同时，海洋领域数字经济的发展将培育出海洋产业新技术，形成海洋领域新业态，推动海洋产业数字化、网络化、智能化发展。

（四）海洋综合治理将向防污防灾双向铺开

控制陆源污染物排放。陆源污染物是破坏海洋环境的重要源头，控制陆源污染物排放将是治理海洋环境的重要内容。因此，未来将加快建设流域-

河口−近岸海域污染防治联动机制，通过陆海统筹，海陆协调联动，降低污染物排放和废弃物海上倾倒，从而有效减小海洋环境治理压力。同时，海洋科技投入将合理地向海洋环境治理倾斜，通过科技投入，助力攻克难点和重点技术，以先进信息技术武装海洋治理手段和平台。并且，受损的海洋生态系统将进一步得到修复，从而强化海洋生态系统的稳定性和自我恢复能力，综合提升海洋环境治理能力。

促进海洋环境风险防控能力建设。海上溢油、危险品泄露以及核辐射等非自然灾害都是危及海洋生态环境的重要源头，这类灾害一旦发生将对灾害源及其邻近区域产生重大影响。因此，对于风险隐患可排查的非自然灾害，将持续加以监测和巡查，及时防范非自然灾害的发生。同时，将利用现代大数据手段和信息化技术，进一步提升对风暴潮、赤潮、海冰等海洋自然灾害的智能预报水平，持续做好海洋灾害预警工作，健全海洋灾害应急响应机制，从而提升海洋灾害应对能力。

（五）海洋经济国际合作将迎来互利互赢新局面

2020 年突如其来的疫情虽然给海洋经济对外合作带来了巨大挑战，但是日益成熟的 5G 技术以及网上办公设备等先进技术与设备为国际合作提供了更便利的条件。新技术的发展将推动涉海企业和科研院所与国外涉海机构开展技术合作与交流，激励国内涉海机构参与国际海洋科技合作计划，同时加强中外合作办学和人才交流。在中国经济实现快速复苏的背景下，将吸引跨国涉海企业来华设立分支机构，助力拓展海洋领域市场合作。此外，复苏后的中国经济将有条件大力开拓船舶、海工装备以及海洋工程建筑等领域的国际市场。同时，将依托亚洲基础设施投资银行、金砖国家开发银行、上海合作组织开发银行和"丝路基金"等机构，加深涉海金融合作，进一步挖掘全球金融资本对海洋经济发展的撬动作用。

（执笔人：赵昕）

宏观篇

1
中国海洋经济发展水平评估

随着我国步入新时代，社会主要矛盾随之转化，我国经济已经由高速增长阶段逐渐进入高质量发展阶段。作为新一代增长引擎，海洋经济的高质量发展已然成为当前加快化解我国主要矛盾的首要阵地。准确把握海洋经济发展水平的脉搏是推进我国海洋经济向高质量发展迈进的基础环节。一方面，从系统角度来看，需要明晰海洋经济、海洋资源环境、海洋社会三大系统的互动关系，追踪海洋经济驱动要素与成果要素在海洋经济运行的条件、过程、结果轴线上的流向，剖析海洋三大系统间的复杂作用机制。另一方面，从新发展理念来看，需要基于习近平新时代中国特色社会主义经济思想，解读"创新、协调、绿色、开放、共享"五大发展理念，明确海洋经济高质量发展的内源性与外源性动力。

因此，本报告从系统论与新发展理念双重维度出发，根据 11 个沿海地区的客观数据，评估各地区海洋经济系统发展水平、海洋资源环境系统发展水平、海洋社会系统发展水平；同时，给出海洋经济发展过程中的创新水平、协调水平、绿色水平、开放水平和共享水平的测度，准确把握我国海洋经济发展水平的脉搏，揭示我国海洋经济发展的特征与趋势，从而推动我国海洋经济高质量发展战略落地，助力海洋强国的实现。

一、中国海洋经济发展水平评估指数概况

中国海洋经济发展水平评估指数旨在测度我国海洋经济发展水平，并将其发展特征具体化、指标化。本报告立足于海洋经济发展特点，基于海洋三大系统（即海洋经济系统、海洋资源环境系统和海洋社会系统）以及海洋经济新发展理念（即创新理念、协调理念、绿色理念、开放理念和共享理念），设计一套"2＋3＋5"的海洋经济发展水平评估指数体系。

如图 2-1-1 所示，海洋经济发展水平评估指数体系包含 2 个综合指数、3 个系统对象维度分指数和 5 个新发展理念维度分指数。其中，2 个综合指数，即系统对象维度下的海洋经济发展水平综合指数、新发展理念维度下的海洋经济发展水平综合指数。二者分别由从系统对象维度和新发展理念维度对海洋经济发展水平进行评价而得，均能独立反映我国海洋经济发展水平，且二者整体上具有一致的演变趋势。

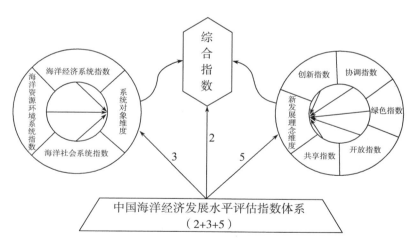

图 2-1-1　中国海洋经济发展水平评估指数体系

从系统角度来看，海洋经济关联系统由三大系统有机组成，分别是海洋经济系统、海洋资源环境系统、海洋社会系统。它们可以形成复杂适应性大系统，通过子系统间的信息交流、演化学习、多元互动来改变自身系统的结

构与行为。海洋三大系统之间的关联作用如下：海洋经济系统的经济产出为其他系统的运行提供产品、服务支持。生产环节不仅解决了海洋社会系统的就业与收入问题，也为其提供了消费产品。同时，也通过对海洋资源环境系统提供资本支持，推动了海洋资源开发、海洋生态环境保护等环节的运行，这些环节的科技、资源等产出又为海洋经济系统的生产环节提供要素，同时满足了海洋社会系统运行对产品和服务消费、环境保护等方面的需求。从整体上来看，"海洋经济–海洋资源环境–海洋社会"三大系统协同运行，缺一不可。因此，本报告将系统对象维度下的海洋经济发展水平综合指数，进一步分解为 3 个系统对象维度分指数，即海洋经济系统指数、海洋资源环境系统指数和海洋社会系统指数。

从新发展理念角度来看，一是海洋经济发展旨在以"开放、共享"为战略视野，开放经贸合作，增进人文交流，改善全球人民的福祉，实现海洋经济发展成果在经济、资源环境与社会等多领域的共享。二是以"创新"为动力手段，激发海洋科技的成果产出，形成海洋经济系统发展动力。立足自主创新，突破海洋开发利用与管控的关键核心技术，集中力量实施重大科技创新工程，着眼长远培育创新人才。三是以"绿色"为发展保障，推动建立绿色低碳循环发展的现代海洋产业体系，保护海洋资源环境系统。四是以"协调"为发展基调，协同发展海洋三大系统，形成陆海统筹、协调发展，从而达到海洋经济发展的创新性、协调性、绿色性、开放性、共享性的统一。因此，本报告将新发展理念维度下的海洋经济发展水平综合指数，进一步分解为 5 个新发展理念维度分指数，即创新指数、协调指数、绿色指数、开放指数和共享指数。

本报告以 11 个沿海地区为研究对象，并参照《中国海洋经济统计公报》对海洋经济圈的划分标准，划分为北部海洋经济圈（辽宁、河北、天津和山东）、东部海洋经济圈（江苏、上海和浙江）、南部海洋经济圈（福建、广东、广西和海南）三大区域。鉴于目前海洋经济省际数据的可得性，数据样本区间为 2006—2018 年，数据来源于《中国统计年鉴》《中国海洋统计年鉴》《中国渔业年鉴》《中国海洋环境质量公报》《中国环境统计年鉴》《中国能源统计年鉴》《中国科技统计年鉴》《中国旅游统计年鉴》《中国城市统计年鉴》《中国民政统计年鉴》，以及各省区市国民经济和社会发展统计公报、统计年鉴。

二、中国海洋经济发展水平分析

（一）基于三大系统维度的海洋经济发展水平分析

1. 总体演变趋势分析

第一，我国海洋经济发展整体呈现出短期波动、长期上升的趋势。

如图 2-1-2 所示，相比于"十一五"时期，我国海洋经济发展水平综合指数在"十二五""十三五"时期明显提升。"十二五"时期属于我国海洋经济加快调整优化的关键时期，国务院先后批准印发《国家海洋事业发展"十二五"规划》《全国海洋经济发展"十二五"规划》《全国海洋主体功能区规划》《全国海洋功能区划（2011—2020 年）》等，为我国海洋经济发展提供了战略引导与政策保障。然而，我国海洋经济发展水平综合指数不稳定性有所增强："十一五"时期，海洋经济发展水平综合指数基本均在 0.005—0.007 区间内小幅波动，但在"十二五"初期呈现出骤增和骤降的状态。2012 年，党的十八大提出把生态文明建设纳入中国特色社会主义事业总体布局。维护海洋资源环境的制度保障对海洋经济发展提出更高的要求，海洋资源集约化利用和生态环境保护的压力骤增。

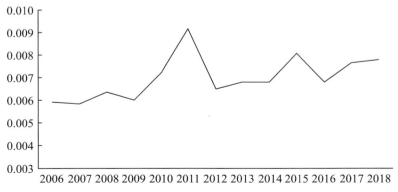

图 2-1-2　2006—2018 年基于系统对象维度的海洋经济发展水平综合指数

　　第二，北部、东部和南部海洋经济圈均呈现出长期增长的态势，但在波动性、增速方面存在明显差异。

　　如图2-1-3所示，南部海洋经济圈的海洋经济发展水平综合指数与全国海洋经济发展水平综合指数的趋势最为相似，均在2010—2011年以及2015年呈现出爆炸式增长趋势，却在2012年呈现出断崖式回落。南部海洋经济圈海域辽阔、资源丰富、战略地位突出，受海洋资源环境约束的影响更大。同时，南部海洋经济圈的经济发展也深受海洋灾害影响。例如，2012年发生了138次风暴潮、海浪和赤潮等各类海洋灾害。其中，仅风暴潮便造成了126.3亿元的直接经济损失，各类海洋灾害累计造成的直接经济损失较上年增加近150%。北部海洋经济圈与东部海洋经济圈的走势类似，但东部海洋经济圈的海洋经济发展综合指数略高，这表明东部海洋经济发展状况整体优于北部海洋经济圈。

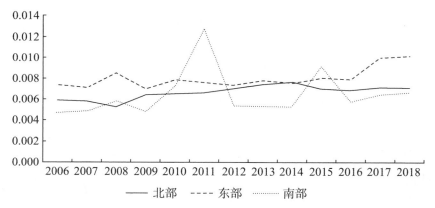

图2-1-3　2006—2018年基于系统对象维度的三大海洋经济圈的海洋经济发展水平综合指数

　　第三，海洋经济系统指数波动性最小，海洋社会系统指数增长性持续走强，海洋资源环境系统指数波动性较大。

　　如图2-1-4所示，根据系统对象维度的划分，三大系统呈现出不同发展趋势，尤其是海洋资源环境系统呈现出较大波动性。结合图2-1-2、图2-1-3、图2-1-4可知，我国海洋经济发展水平综合指数、南部海洋经济圈海洋经济发展水平综合指数和海洋资源环境系统指数呈现出比较一致的趋势，由此可见海洋资源环境系统的约束性和脆弱性深刻影响了我国海洋经济发展水平。因此，要推广低碳、循环、可持续的海洋经济发展模式，推动海洋资源利用效率和效益的提升以及海洋生态环境的持续改善。

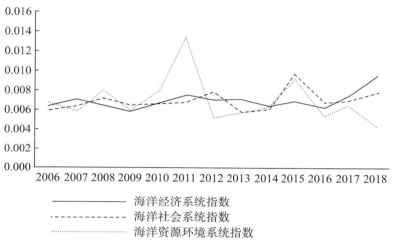

图 2-1-4　2006—2018 年基于系统对象维度的海洋经济发展水平分指数

2. 区域发展的差距分析

第一，系统对象维度下我国沿海区域发展整体差距保持在 0.2 的较低水平。

如表 2-1-1 所示，我国沿海地区的总体基尼系数保持在 0.2 附近。不同地区之间的发展差距较小，且逐渐呈现稳定趋势。总体基尼系数峰值 0.3719 出现在 2011 年，即我国海洋经济区域发展差距在 2011 年达到最大。但是，仍未超过区域差距的"警戒线"0.4，处于可控的差距范围。2012 年党的十八大提出建设海洋强国、发展海洋经济的战略部署，沿海地方政府纷纷出台推动海洋经济发展的相关政策，我国海洋经济增长状况整体不平衡的问题进一步得到缓解与改善。总体基尼系数贡献度分解表明，区域内差异贡献值最稳定且最小，区域间差异贡献值较大，但整体呈现出先减少后增加的趋势；超变密度贡献值中等，但整体呈现出先增加后减少的趋势。

表 2-1-1 基于系统对象维度的海洋经济发展水平评估指数的基尼系数及分解结果

时间	总体 G	区域间基尼系数			区域内基尼系数			贡献率		
		北-东	北-南	东-南	北部	东部	南部	G_w	G_{nb}	G_t
2006	0.2047	0.1868	0.2341	0.2470	0.1618	0.1131	0.2302	27.5495	48.7412	23.7094
2007	0.1623	0.1369	0.1812	0.2047	0.1228	0.0942	0.1954	28.5863	49.9143	21.4993
2008	0.1799	0.2495	0.1761	0.1956	0.1841	0.0713	0.1196	23.2396	57.3281	19.4323
2009	0.1666	0.1400	0.1986	0.2051	0.1259	0.1086	0.1784	27.7400	48.4558	23.8042
2010	0.1903	0.1928	0.2007	0.1999	0.1464	0.1576	0.2115	30.9327	19.9321	49.1352
2011	0.3719	0.1361	0.4818	0.4827	0.1229	0.1046	0.4908	29.2532	41.4359	29.3109
2012	0.1784	0.1567	0.2089	0.2107	0.1621	0.1232	0.1586	28.4315	39.4306	32.1379
2013	0.1879	0.1726	0.2288	0.2099	0.1876	0.0954	0.1585	27.6256	42.7512	29.6232
2014	0.1805	0.1656	0.2299	0.1988	0.1729	0.1079	0.1277	26.6127	46.1624	27.2250
2015	0.2458	0.1536	0.3036	0.2878	0.1602	0.0980	0.3372	30.9950	24.8971	44.1079
2016	0.1966	0.1969	0.2196	0.2098	0.2086	0.1043	0.1792	29.1766	36.2512	34.5721
2017	0.2049	0.2255	0.1975	0.2521	0.1975	0.1293	0.1632	26.8560	46.5915	26.5525
2018	0.2388	0.2597	0.2201	0.2948	0.1885	0.1929	0.2236	27.9981	37.9932	34.0087

注:利用基尼系数方法进行区域发展差距分析,其中 G_w 指区域内差异贡献,G_{nb} 指区域间差异贡献,G_t 指超变密度贡献

第二,北部-东部海洋经济圈区域间差距较小,北部-南部海洋经济圈和东部-南部海洋经济圈区域间差距较大。

从区域间基尼系数来看,北部-东部、北部-南部,东部-南部的基尼系数平均值为(0.1825,0.2370,0.2461),说明北部-东部海洋经济圈区域间差距较小,两个经济圈的海洋经济发展协同性更好。北部-南部海洋经济圈和东部-南部海洋经济圈区域间差距较大。其中,东部-南部的基尼系数平均值最大,为0.2461,说明东部-南部海洋经济圈的海洋经济发展状况差距最为明显。表现在以珠江三角洲地区为主的南部海洋经济圈和以长江三角洲地

区为主的东部海洋经济圈在经济发展定位和重点产业布局上的差异。

第三，东部海洋经济圈区域内海洋经济发展状况差距最小，北部海洋经济圈中等，南部海洋经济圈内部差距最大。

从区域内基尼系数来看，北部海洋经济圈、东部海洋经济圈和南部海洋经济圈的区域基尼系数平均值为（0.1647，0.1154，0.2134）。东部海洋经济圈海洋经济增长状况差距最小，区域内基尼系数平均值仅为0.1154，说明东部海洋经济圈内海洋经济发展状况较为平均。东部海洋经济圈三个沿海地区都能依托良好的经济优势，共同致力于海洋产业高级化、合理化发展，因此东部海洋经济圈海洋经济发展状况表现出均衡的态势。南部海洋经济圈海洋经济发展状况差距最大，区域内基尼系数平均值为0.2134，说明南部海洋经济圈的海洋经济发展状况不均衡。广东为南部海洋经济圈的龙头，海洋资源利用能力和经济基础优势都较其他三个省区明显，这造成了南部海洋经济圈海洋经济发展状况不平衡的局面。因此，未来南部海洋经济圈更要关注区域内海洋经济发展状况不平衡的问题。

3. 指数波动的收敛性分析

第一，在国家层面和经济圈层面，我国海洋经济发展水平均不存在收敛特征。

如图2-1-5所示，国家层面的α系数和各海洋经济圈的α系数均呈现波动的状态，并没有显示出持续下降的趋势，表明我国海洋经济发展综合水平无论在国家还是经济圈层面均不存在α收敛。从不同海洋经济圈来看，三个经济圈的α系数也不完全相同。首先，南部海洋经济圈的α系数最大，超过全国水平，在2010—2012年出现较大波动，然而整体变化趋势与全国趋势类似。其次，北部海洋经济圈α系数较小，东部海洋经济圈的α系数最小，低于全国平均水平。这说明南部海洋经济圈的海洋经济发展差距较大，北部和东部海洋经济圈的海洋经济发展差距相对较小，这一结果与基尼系数测度结果一致。

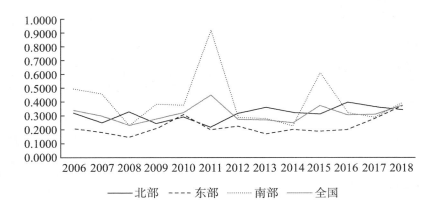

图 2-1-5　2006—2018 年基于系统对象维度的海洋经济发展水平综合指数的收敛性
注：本报告采用收敛模型判断不同海洋经济发展水平评估指数变
化趋势是否具有收敛性

第二，海洋社会系统指数普遍收敛、海洋经济系统指数部分收敛、海洋
资源环境系统指数不收敛。

如图 2-1-6 所示，海洋社会系统指数的α系数显示：在全国层面存在α收
敛，在北部海洋经济圈、东部海洋经济圈和南部海洋经济圈α系数也有相似的
下降趋势，即存在α收敛。这也说明沿海地方政府将民生作为海洋经济发展的
第一要务，已经形成趋同性。海洋经济系统指数的α系数显示：在全国层面不
存在α收敛；在东部和南部海洋经济圈范围内也不存在明显的下降趋势，不存
在α收敛；但是北部海洋经济圈的下降趋势明显，即存在α收敛。海洋资源环
境系统指数的α系数显示：在全国层面上的α系数呈现波动状态，即不存在α收
敛；同时三个不同海洋经济圈的α系数也均未持续下降，也不存在α收敛。由
于不同区域的资源、环境、经济政策等有较大差异，导致不同海洋经济圈的
海洋经济系统指数和海洋资源环境系统指数的收敛性出现差异化特征。因
此，我国海洋经济发展也应该因地制宜，依托不同海洋经济圈的独特海洋
资源与环境，寻找适宜且高效的海洋经济发展路径，提升全国海洋经济整
体发展水平。

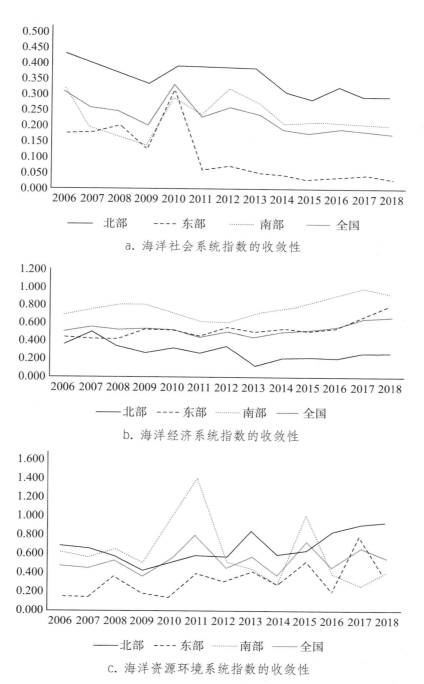

a. 海洋社会系统指数的收敛性

b. 海洋经济系统指数的收敛性

c. 海洋资源环境系统指数的收敛性

图 2-1-6　2006—2018 年基于系统对象维度的海洋经济发展水平分指数的收敛性

（二）基于新发展理念维度的海洋经济发展水平分析

1. 总体演变趋势分析

第一，我国海洋经济发展整体呈现波动式上升态势，且阶段性发展特征明显。

如图2-1-7所示，我国海洋经济发展水平综合指数到2018年已达到了0.009。同时，我国海洋经济的发展具有明显的阶段性发展特征："十一五"阶段增速最快，从0.006增长至0.0069，"十一五"阶段为我国海洋经济快速发展时期，为促进海洋经济和海洋工作的发展，国务院批准印发了《全国海洋事业发展规划纲要》，极大促进了我国海洋事业的发展。进入"十二五"阶段，我国海洋经济进入调整期，海洋经济发展水平综合指数的波动性显著增强，党的十八大报告进一步明确提出，要"提高海洋资源开发能力，发展海洋经济，保护海洋生态环境，坚决维护国家海洋权益，建设海洋强国"，更加注重实现海洋经济的全方位发展。"十三五"以来，海洋经济发展水平进一步提升，进入高质量发展阶段，海洋经济发展水平综合指数的增长态势明显。

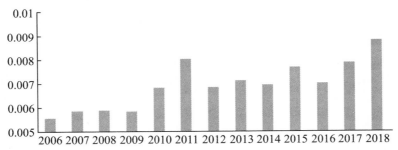

图2-1-7　2006—2018年基于新发展理念维度的海洋经济发展水平综合指数

第二，创新指数、协调指数和开放指数稳定增长，共享指数增长态势最为显著，绿色指数起伏不定。

如图2-1-8所示，创新指数、协调指数和开放指数与海洋经济发展水平综合指数的走势较为相似，共享指数增长最为迅猛，从2006年的0.004增长到 2018 年的 0.01。绿色指数的表现与其他指数的走势有显著差异，"十二五"初期呈现出骤增骤减的强烈波动态势。2012 年以来，"生态文明建设""建设美丽中国"以及"加快建设海洋强国"等一系列战略措施的提出，将海洋生态环境保护工作推到新的高度。我国对于海洋经济绿色发展提出了更高的要求，同时频发的海洋灾害也对海洋经济的绿色发展形成了较大挑战，这些无疑增加了绿色发展指数的波动性。

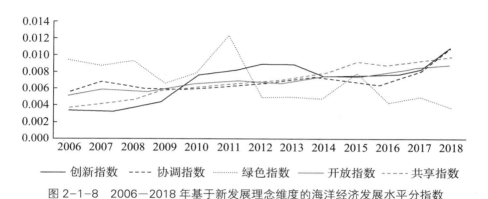

图 2-1-8　2006—2018 年基于新发展理念维度的海洋经济发展水平分指数

2. 区域发展的差距分析

第一，新发展理念维度下我国海洋经济发展水平的总体差距也保持在较低的水平。

如表 2-1-2 所示，除 2011 年和 2018 年基尼系数超过 0.30，即海洋经济发展水平在 2011 年以及 2018 年的差距处于中等区域差异的水平外，我国海洋经济发展水平的总体差距一直稳定地保持在较低水平。从区域间基尼系数来看，北部-东部、北部-南部和东部-南部的基尼系数平均值分别为（0.2323，0.2423，0.3062），这一结果表明东部海洋经济圈与南部海洋经济圈之间的差距最大，是造成总体差距的主要原因。从区域内基尼系数来看，北部海洋经济圈、东部海洋经济圈和南部海洋经济圈的基尼系数平均值分别为（0.1554，0.1946，0.2447），表明南部海洋经济圈的内部差距最大，北部海洋经济圈海洋经济发展水平最为集中，属于较低的差距。

表 2-1-2　基于新发展理念维度的海洋经济发展水平综合指数的基尼系数及分解结果

时间	总体 G	区域间基尼系数			区域内基尼系数			贡献率		
		北-东	北-南	东-南	北部	东部	南部	G_w	G_{nb}	G_t
2006	0.22	0.21	0.21	0.29	0.14	0.18	0.24	27.72	50.51	21.77
2007	0.22	0.22	0.22	0.27	0.18	0.17	0.21	28.38	44.56	27.06
2008	0.21	0.27	0.18	0.25	0.16	0.16	0.17	25.94	51.53	22.53
2009	0.21	0.21	0.21	0.29	0.11	0.20	0.22	26.36	51.12	22.52
2010	0.19	0.24	0.15	0.25	0.13	0.22	0.12	26.17	47.04	26.78
2011	0.30	0.20	0.37	0.38	0.12	0.18	0.40	28.07	20.41	51.52
2012	0.23	0.22	0.23	0.31	0.15	0.20	0.20	26.42	50.81	22.77
2013	0.23	0.20	0.24	0.31	0.15	0.18	0.23	26.54	53.07	20.39
2014	0.23	0.21	0.24	0.30	0.17	0.19	0.22	27.43	48.62	23.95
2015	0.23	0.21	0.26	0.27	0.16	0.17	0.27	29.24	25.95	44.81
2016	0.25	0.23	0.27	0.31	0.19	0.20	0.28	28.58	36.06	35.37
2017	0.27	0.27	0.27	0.35	0.18	0.22	0.29	27.54	41.10	31.36
2018	0.32	0.33	0.30	0.40	0.18	0.28	0.33	27.15	37.29	35.56

第二，协调指数的总体区域差距最大，创新指数和开放指数的总体区域差距次之。

如表 2-1-3 所示，协调指数的总体区域差距最大，高达 0.47；创新指数和开放指数的总体区域差距次之，分别为 0.42 和 0.41。其中，协调指数在东部与南部海洋经济圈区域间的基尼系数达到最高值 0.61；创新指数在北部与南部海洋经济圈区域间差距也达到了 0.50；区域内差距以南部海洋经济最为显著，创新指数与开放指数在南部海洋经济圈的基尼系数分别为 0.54 和 0.50，这些基尼系数远超过"警戒线" 0.4。绿色指数的总体基尼系数为 0.38，且在区域间以区域内均保持均衡水平。共享指数的总体差距最小，仅为 0.18，且在各区域之间的差距均保持较低的水平。以上研究结果表明，协调、创新和开放理念是未来降低区域海洋经济发展差距的重要突破口。南部海洋经济圈发展情况对我国海洋经济协同发展有举足轻重的影响，未来应重点关注南部海洋经济圈发展进程，尤其是其分指数的发展情况。

表 2-1-3　基于新发展理念维度的分指数基尼系数均值及分解结果均值

分指数	总体 G	区域间基尼系数			区域内基尼系数			贡献率		
		北-东	北-南	东-南	北部	东部	南部	G_w	G_{nb}	G_t
创新指数	0.42	0.33	0.50	0.49	0.37	0.28	0.54	30.91	27.98	41.11
协调指数	0.47	0.48	0.47	0.61	0.30	0.51	0.21	25.17	54.60	20.23
绿色指数	0.38	0.34	0.41	0.38	0.33	0.32	0.41	33.25	33.42	33.33
开放指数	0.41	0.41	0.43	0.47	0.22	0.32	0.50	28.35	42.02	29.63
共享指数	0.18	0.17	0.19	0.20	0.17	0.16	0.17	31.08	35.31	33.61

3. 指数波动的收敛性分析

第一，全国和各海洋经济圈的α系数同样未表现出降低趋势，不存在收敛性。

如图 2-1-9 所示，从新发展理念维度来看，全国和各海洋经济圈的α系数同样未表现出降低趋势，这一结果表明我国海洋经济发展水平不存在α收敛。从各海洋经济圈来看，南部海洋经济圈的α系数波动性最强，北部海洋经济圈的系数波动性最弱。同时，北部海洋经济圈的α系数最小，表明区域内部发展差异化最小，与新发展理念维度下的基尼系数测算结果一致。

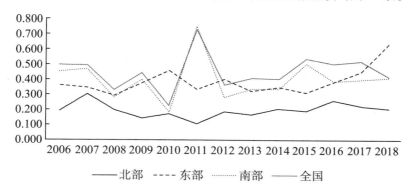

图 2-1-9　2006—2018 年基于新发展理念维度的海洋经济发展水平综合指数的收敛性

第二，创新指数与共享指数具有收敛性，其他三个指数不具有收敛性。

如图 2-1-10 所示，新发展理念维度下的分指数中，共享指数具有明显的下降趋势，具有收敛性。本报告中的共享指数从改善人民福祉方面进行指标选择，共享指数收敛性体现了沿海地方政府推进蓝色经济发展、共同增进海洋福祉的决心。创新指数虽然出现一定波动性，但总体趋势也呈现出下降，具有收敛性。这正是我国海洋科技创新能力提升的体现。《全球海洋科技创新指数报告（2018）》指出，中国全球排名从第十位跃升至第五位。但是，协调指数、绿色指数和开放指数均不存在收敛。推动海洋经济高质量发展，未来要更加注重区域海洋经济协调发展，以绿色理念保障海洋经济发展，打造海洋经济开放新引擎。

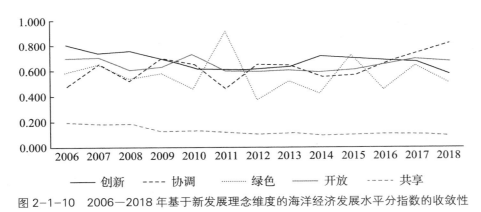

图 2-1-10　2006—2018 年基于新发展理念维度的海洋经济发展水平分指数的收敛性

三、双向维度下海洋经济发展水平评估结果比较分析

本报告基于海洋经济发展的多维内涵，从系统对象维度和新发展理念维度出发，构建了"2＋3＋5"的海洋经济发展水平评估指数体系；打破了传统单向评价维度的限制，实现了海洋经发展评价指标体系的立体性思维转变。本报告分析了两个不同维度下的海洋经济发展水平的趋势、演变特征、区域差距以及收敛性，对比分析结果如下。

第一，系统对象维度下海洋经济发展水平和新发展理念维度下海洋经济发展水平具有较强的一致性，海洋经济发展双向评估结果具有可信性和有效性，海洋经济发展水平的双向评估体系是科学合理的。

第二，我国海洋经济发展水平呈现双向稳步提升趋势，其中东部海洋经济圈的表现最为强势，南部海洋经济圈呈现波动上升趋势，北部海洋经济圈则表现为缓慢平稳上升。海洋资源环境系统的制约性和脆弱性及绿色发展理念是影响我国海洋经济发展水平波动的关键性因素，成为我国海洋经济发展的"紧箍咒"。

第三，从时间角度来看，系统对象维度下海洋经济发展水平综合指数和新发展理念维度下海洋经济发展水平综合指数演变趋势大致相仿，但同时存在细微差别。具体表现为在系统对象维度下，海洋经济发展综合表现尚未形成明显分级。系统对象维度分指数的时间演变趋势表明，海洋经济系统发展有分层态势，部分地区资源环境约束开始凸显，海洋资源环境系统面临较大挑战，海洋向人们生活所提供的支持与保障质量逐步增强。在新发展理念维度下，海洋经济发展水平出现分化，新发展理念在部分先发地区得到了较好的贯彻，发展优势开始凸显。新发展理念维度分指数的时间演变趋势表明，开放指数与共享指数呈现持续增长态势，表明沿海地方政府推动海洋经济国际合作、增进人民海洋福祉成效显著；创新指数与协调指数呈现短期波动、长期增长态势，表明我国海洋创新能力、区域协调程度不断加强。

第四，从空间角度来看，不论是系统对象维度还是新发展理念维度，我国海洋经济发展水平的总体差距保持在较低的水平。但是，新发展理念维度下的差距明显高于系统对象维度下的差距水平。双向评估结果显示：南部海洋经济圈的差距最明显，尤其是在创新指数、协调指数、开放指数方面。同时，分指数变化趋势表明，海洋资源环境系统和协调理念是未来降低三大海洋经济圈发展差距的重要突破口。

第五，从收敛性角度来看，系统对象维度下海洋经济发展水平综合指数和新发展理念维度下海洋经济发展水平综合指数均不存在 α 收敛。然而，两个维度下的海洋经济发展水平分指数却呈现出部分收敛。结果显示：我国海洋经济发展水平在系统对象维度的收敛性好于新发展理念维度的收敛性。未来海洋经济发展应着重考虑践行新发展理念，关注海洋经济发展在创新、协调、绿色、开放和共享等方面的问题。

（执笔人：丁黎黎、汪克亮）

2
中国海洋经济对外合作情况

"十三五"时期，中国海洋事业蓬勃发展，提出了构建海洋命运共同体和积极发展"蓝色伙伴关系"倡议，持续推进高质量共建"一带一路"，与多个国家、国际组织和非政府组织签署了政府间或部门间合作协议。与此同时，海洋经济对外合作逐步深入，开展了一大批富有成效的合作项目，为全球海洋经济繁荣发展贡献了中国力量。本报告主要从海洋渔业、海洋交通运输、海洋能源、海水利用、相关智力输出等角度分析我国海洋经济对外合作情况。

一、海洋渔业"走出去"成效显著

"十三五"规划实施以来，全国海洋渔业系统牢固树立创新、协调、绿色、开放、共享的发展理念，以提质增收、减量增效、绿色发展、富裕渔民为目标，坚持服务海洋渔业转型升级、服务"走出去"战略，服务国家外交大局，积极推进海洋渔业对外合作，取得显著成效。

（一）双多边渔业合作取得新进展

双边渔业合作。"十三五"期间，全国海洋渔业系统积极配合"一带一路"

倡议实施，加强与重点国家渔业合作。截至 2020 年底，我国与美国、欧盟、挪威、加拿大、澳大利亚、新西兰等重要渔业国家建立了高级别对话机制，并与亚洲、非洲、拉美等区域多个国家开展双边渔业合作。习近平总书记见证签署中国—毛里塔尼亚渔业混委会会议纪要，李克强总理见证签署中欧蓝色伙伴关系宣言，胡春华副总理见证签署中国—巴布亚新几内亚渔业合作备忘录。组织召开中国南太平洋岛国农业部长会议和渔业合作论坛，并签署《楠迪宣言》。

多边渔业合作。多方位参与国际渔业治理规则顶层设计，积极参加联合国国家管辖海域外海洋生物多样性协定（BBNJ）、预防中北冰洋不管制公海渔业协定、联合国大会可持续渔业决议、世界贸易组织等谈判磋商，推动形成公平合理、可持续的国际渔业治理机制。切实加强区域渔业治理规则制定有关工作，提升国际渔业话语权。参加国际海事组织渔船安全及非法、不报告和不受管制捕捞部长级会议，签署《托雷莫利诺斯声明》。2019 年，我国正式加入南印度洋渔业委员会，截至 2020 年底，我国已加入 10 个国际或区域渔业管理组织，基本覆盖全球重要公约水域，参与了联合国、粮农组织、海事组织、世贸组织、濒危野生动植物物种国际贸易公约、亚太经合组织以及有关区域渔业管理组织等 30 多个涉渔国际组织的活动。

（二）远洋渔业发展进入新阶段

实现可持续渔业是远洋渔业发展的国际趋势，是世界粮农组织"蓝色增长倡议"的重点，也是中国融入国际渔业事务、拓展渔业发展外部空间、确保远洋渔业健康持续发展的需要。发布实施《"十三五"全国远洋渔业发展规划》，全面调整发展思路，严控远洋渔业企业和远洋渔船规模，强化规范管理、严打违法违规、加快转型升级、加强国际合作、推进远洋渔业规范有序发展取得明显成效。截至 2019 年底，全国远洋渔业企业共 178 家，作业远洋渔船 2701 艘，远洋渔业年产量 217 万吨，作业海域涉及 40 多个国家（地区）管辖海域和太平洋、印度洋、大西洋公海以及南极海域。远洋渔业成为推进农业"走出去"和"一带一路"倡议的重要内容，在丰富国内市场供应、保障国家食物安全等方面发挥了重要作用。

（三）周边渔业合作开创新局面

稳妥开展周边国家渔业会谈，全面加强涉外渔船管控，妥善应对和处置渔业纠纷，为维护渔业利益和海洋权益奠定基础。目前，《中韩渔业协定》执行平稳，渔业生产秩序持续好转，两国联合开展黄海渔业资源增殖放流，渔业关系日益密切。中越双方在《中越北部湾渔业协定》框架下开展卓有成效的合作，双方成功举行 3 次联合增殖放流活动，被写入两国政府联合公报。《中越北部湾渔业协定》于 2019 年 6 月到期，双方总结并高度评价该协定实施 15 周年取得的成果，就续签协定形成共识。中俄两国在渔业协定框架下就边境水域渔业资源养护、海洋捕捞以及实施打击非法、不报告和不管制捕捞协定等方面合作顺利，两国渔业关系步入历史最好时期。我国将向菲律宾赠送鱼苗写入两国政府联合声明，为维护南海稳定做出贡献。与澜湄国家建立澜湄流域水生态养护交流合作机制，组织开展水资源生态养护国际合作。

二、海上互联互通快速发展

"十三五"期间，中国与各国深化海上互联互通和各领域务实合作，推动高质量共建"一带一路"。中国与数十个国家开展港口共建，海运服务覆盖共建"一带一路"所有沿海国家，一批重点工程项目顺利完工，"丝路海运"品牌效应初显，海运服务能力显著提升。

（一）港口及园区合作成效显著

2015 年 3 月 28 日，国家发改委、外交部、商务部联合发布的《推动共建丝绸之路经济带和 21 世纪海上丝绸之路的愿景与行动》，明确提出海上以重点港口为节点，共同建设畅通高效安全的运输大通道，港口合作正逐渐成为中国与港口国家交往的一种重要方式。近年来，"一带一路"交通互联互通深入推进，一批重点工程顺利完工。我国还推动国际海事组织向多个成员国推荐船舶船员防疫指南，分享交通运输防疫经验。部分项目进展情况如下。

希腊比雷埃夫斯港项目。2016 年 4 月，中远海运收购比港港务局 67% 股份，同年 8 月开始接手港务局经营业务。希腊比雷埃夫斯港已成为全球发展最快的集装箱港口之一，吞吐量在全球港口排名中大幅提升。希腊外交部前部长卡特鲁加洛斯表示"中方对比雷埃夫斯港的投资造福当地，是巨大的成功，实现了双赢"。共建"一带一路"为世界各国搭建起发展的桥梁。2019 年 10 月，希腊港口和发展规划委员会批准了比港港务局提交的港口发展规划，规划投资总额约 6 亿欧元。该扩建项目在 2023 年完成后，将巩固比港在地中海邮轮产业中的母港地位，进一步带动希腊旅游经济发展。即使在疫情期间，中远海运通过科学管理和计划保证了港口各项板块正常生产，并根据当地国情等积极回馈社会，中远海运比港项目是共建"一带一路"合作中的成功典范。

斯里兰卡科伦坡港口城项目。2020 年 7 月，由中交集团所属中国港湾投资建设运营的大型城市综合体开发项目"未来之城"斯里兰卡科伦坡港口城举行了"云开放日"活动。科伦坡港口城的投资是斯里兰卡历史上外商投资单体规模最大的项目，为当地创造超过 8 万个就业机会。该港口定位为经济枢纽和商业中心，未来将重点建设国际金融中心，吸引"一带一路"周边国家投资，打造推动斯里兰卡经济社会发展的"新引擎"。

汗班托塔临港产业园项目。2017 年 12 月，招商局集团旗下招商局港口控股有限公司以特许经营权的方式正式接手汉港项目，进行投资、建设和运营，并与斯里兰卡港务局成立合资公司汗班托塔国际港口集团有限公司。项目总交易价格高达 14 亿美元，采用政府和社会资本合作（PPP）模式，特许经营权为 99 年。依托"前港、中区、后城"发展模式，以港口先行、港内园区跟进、配套城市新区开发和利用港口的物流条件，吸引带动港口吞吐量的产业集群入驻园区，一方面形成自己的港口业务核心竞争力，另一方面为斯里兰卡带来新的业务增量。区港联动带动汉班托塔城市的发展，进一步吸引人才、资金和技术在该地区的聚集，推动政府完善区域内的公共配套服务，逐渐形成一个新兴的、现代化的城市雏形。港、产、城有机联动，将政府、企业和各类资源协同起来，实现成片区域的整体发展，使汉班托塔成为斯里兰卡新的经济发展动力。

皎漂特区深水港和工业园项目。该项目是中缅两国共建"一带一路"和中缅经济走廊框架下的重点项目，对于促进缅甸经济发展和社会进步、深化中缅两国经贸合作和传统友谊具有重要意义。2015年12月，缅甸政府正式宣布中信联合体中标皎漂特区深水港和工业园项目。2017年4月，中信集团代表中信联合体与皎漂特区委员会签署了《关于开发实施皎漂特别经济区深水港和工业园项目》的换文，双方约定共同努力推动皎漂项目尽早签约与实施。2018年11月，中缅双方签署皎漂特区项目框架协议。2020年1月，中缅两国领导人共同见证皎漂特区深水港项目举行《股东协议》和《特许协议》文本交换仪式。皎漂项目的建设目标为绿色生态港、绿色工业园，深水港项目和工业园区项目均为50年，期满后可再申请延长25年。

秘鲁利马绿色海岸带项目。绿色海岸带项目是泛美运动会的配套工程，集"快速交通、旅游、休闲、文化"于一体，工程沿海岸线建设包括快速路、自行车道、人行道、公园、海滩等，是秘鲁着力打造的海岸风景线之一。该工程于2018年12月29日开工，合同造价约5.84亿元人民币。中铁隧道局和当地公司组成的联营体中标。2020年秘鲁利马绿色海岸带项目正式通车，标志着中国企业在秘鲁完成交付的首个大型公共工程项目成功实施。该项目采取高度属地化组织模式，充分将中方企业管理优势和属地资源高度结合，保证了项目的良好收益，带动了当地的就业发展。

（二）丝路海运成为国际物流服务新平台

"丝路海运"是我国首个以航运为主题的"一带一路"国际综合物流服务品牌和平台。2018年12月24日，首条以"丝路海运"命名的集装箱航线开行。截至2021年6月，"丝路海运"在全国5座港口（厦门港、福州港、天津港、青岛港、北部湾港）共有命名航线72条，联通中国与日韩、东南亚、中东、非洲、欧洲等国家和地区的96座港口。72条航线中，厦门港有55条，是"丝路海运"的重镇，发展成效好，堪称深耕"一带一路"海上大通道的一个缩影。国家"十四五"规划和 2035 年远景目标纲要明确提出支持扩大"丝路海运"品牌影响。2021 年下半年，"丝路海运"将继续通过制定服务标准、打造信息化平台，召开合作论坛等形式，强化巩固"丝路海运"发展优势，积极服务、融入新发展格局。

三、海洋能源合作稳步推进

中国践行绿色发展理念，遵循互利共赢原则开展国际合作，在保证能源安全的条件下扩大能源领域对外开放，推动高质量共建"一带一路"，积极参与全球能源治理。中国推动能源层面互利共赢的务实合作，加强海上能源建设。

（一）海上风电合作

中欧海上风电合作进展顺利。中国能源企业在法国、德国等国投资海上风电等项目，助力欧盟实现 2020 年可再生能源占总能源消费 20% 的目标。2019 年中欧海上风电国际合作论坛在北京召开，会上交流了中欧海上风电合作项目的经验，并展望中欧海上风电国际合作新机遇。中广核集团、三峡集团投资欧洲海上风电市场项目进展顺利；龙源集团、国电电投考察欧洲风电市场力度加大，远景能源、金风科技、明阳智能、上海电气、东方电气在丹麦设立风电研发中心，风机制造、标准互认、数字化运维是未来合作的重点。

中越海上风电合作项目日益增多。长达 3260 千米的海岸线使得越南具有庞大的海上风电潜力，日益增长的电力需求也推动着越南能源发展，中国和越南在海上风电领域的合作日益密切。合作项目包括中国能建的越南朔庄 2 号 30 MW 海上风电项目和越南金瓯 1 号 350 MW 海上风电项目、东方国际的越南朔庄 4 号海上风电项目和越南金瓯圆安 50 MW 海上风电项目、中国港湾的越南薄寮三期 141 MW 和朔庄一期 30 MW 海上风电项目、中船集团旗下黄埔文冲公司的越南茶荣协成 78 MW 海上风电项目等。2021 年 5 月 23 日，越南宁顺正胜 50 MW 风电项目首台机组通过越南国家电网调测验收，成功并网发电，项目由深圳能源集团股份有限公司投资，中国电力工程顾问集团中南电力设计院有限公司总承包建设，项目采用运达股份 13 台 WD147-3000 机型和 3 台 WD147-3600 机型。金瓯 1 号 350 MW 风电项目已于 2021 年 1 月正式动工。

中国—巴西已签署海上风电合作备忘录。近年来，拉美新能源产业发展迅速。拉美多国政府将清洁能源开发作为后疫情时代经济复苏的重要动力，并提出绿色复苏的相关计划与倡议。在共建"一带一路"框架下，中国企业在拉美国家清洁能源项目中的参与度不断提升。巴西的塞阿拉州海域大陆架广阔，海岸风力强劲，拥有巨大的海上发电潜能。巴西的海上风电产业刚刚起步，中国企业正积极参与组建行业协会，为政府制定行业标准提供建议。2020 年明阳智能与塞阿拉州政府签署谅解备忘录，计划在当地开发一系列海上风电项目，预计 2022 年开建。佩森港集团商业执行总监杜娜·乌里贝认为，发展海上风电将给佩森港带来新面貌，港口在海上风电建设中扮演关键角色，是海上风电组装和安装基地，海上风电场的建设不仅能为港口创造就业、增加收入，也将使港口参与到可持续发展的创新项目中来，通过与中方合作，佩森港有望成为巴西发展海上风电的物流平台。明阳智能计划在当地工业园区建设一家海上风机制造工厂。

（二）海洋油气合作

对外开放与合作是推动海洋油气业高效发展的重要因素之一。"十三五"期间，我国已与部分"一带一路"沿线国家签署了双边合作协定；形成了东南亚、中东、非洲、大洋洲四大区域业务群，其中东南亚作业群业务遍及印度尼西亚、缅甸、菲律宾等 8 个国家，海外勘探亦有重大发现。

签署双边合作协议。2017 年，中缅正式签署《中缅原油管道运输协议》，该项目是在缅共建"一带一路"的先导示范项目和样板工程，极大程度上解决了缅甸天然气下游市场的难题。2018 年中菲签署《关于油气开发合作的谅解备忘录》，意味着双方在油气勘探、开发合作方面迈出了新步伐。

海外勘探有重大发现。"十三五"期间，中海油践行"经营勘探"理念，初步形成"一带一路"核心区勘探布局，不断优化海外勘探资产。累计发现份额经济可采储量 14×10^8 桶油当量，近五年桶油发现成本约为 2.1 美元/桶。圭亚那深水浊积砂岩勘探获得世界级大型油气发现，每年均有 3—4 个发现上榜全球十大发现之列，已发现 18 个大中型油气田，可采储量为 80×10^8 桶油当量（中国海油拥有份额为 20×10^8 桶），桶油发现成本为 0.32 美元/桶。英国 Glengorm 获北海近十年来最大油气发现，中值可采储量为 1.6×10^8 桶。加蓬 Leopard 气田是西非最大的气田，天然气探明地质储量为 $3000 \times 10^8 \text{ m}^3$，未来，中海油将在"一带一路"倡议区合理匹配资产的风险与收益，围绕热点盆地和地区，做大中东、做强非洲、拓展拉美、做稳欧美、做实亚太、开拓中亚—俄罗斯，加大风险勘探区块获取，提升低成本油气储量占比。近年来全球深水发现储量占总储量 47%，深水勘探是今后海外重要的领域，中海油将深耕深水浊积岩领域，推进圭亚那深水勘探的广度和深度；拓展深水盐下中深层，如加蓬、巴西、墨西哥等区域；探索深水碳酸盐岩勘探。

四、海水利用合作日益密切

"十三五"期间，我国海水淡化与综合利用业逐渐实现从"引进来"向"走出去"的转变，海水淡化技术日臻成熟，建造和运营经验不断丰富，海水淡化技术国际交流日益密切。

（一）自主技术装备实现转移输出，开启国际海水利用市场

我国海水淡化技术经过多年发展，已初步具备系统集成和工程成套能力，自主技术在国内建成日产万吨级以上示范工程，技术指标与国际相当。中冶海水淡化投资有限公司等一批进入国外市场的海水淡化企业的出现，为我国海水淡化企业进入国际市场积累了实力。江苏丰海新能源淡化海水发展有限公司开发的 1 万吨非并网风电淡化海水示范项目，将风电与海水淡化相结合，被商务部列为援外技术培训项目。中国民营企业莱特莱德·环境首次总承包国外 EPC 海水淡化项目，项目内容包括海水淡化厂的建设，设备采购、安装、

调试以及海水淡化厂的运行维护。2017年，自然资源部天津海水淡化与综合利用研究所（以下简称"淡化所"）成功中标"吉布提阿萨勒盐湖溴化钠提取项目"配套反渗透海水淡化装置。除了在吉布提，2017年淡化所还中标文莱淡布隆高架桥CC4项目配套反渗透海水淡化设备和佛得角综合娱乐城项目配套海水淡化工程，为项目建设提供了有效的供水保障。此前，淡化所先后出口印度尼西亚6套总规模为日产2.1万吨低温多效海水淡化设备，开大型国产海水淡化装置出口先河。

（二）积极组织和参与海水淡化技术国际交流

2014年6月24日，亚太脱盐协会秘书处在淡化所揭牌，这一举动为增进我国和亚太各国海水淡化产业界的交流合作提供了国际合作平台。受商务部委托，淡化所与天津泰达集团有限公司合作，针对非洲、西南亚及阿拉伯地区发展中国家，承办"发展中国家海水淡化与综合利用研修班""海上丝绸之路国家海水利用技术培训班"等10余次。2020年虽然受到新冠肺炎疫情影响，但是海洋淡化技术国际交流与合作并未停滞，我国各地区多次举办海水淡化技术大会，积极参与国际交流。

五、我国首个海洋经济援外规划顺利完成

佛得角圣文森特岛海洋经济特区规划项目是2016年10月中国–葡语国家经贸合作论坛第五届部长级会议期间中佛两国总理达成的重要共识，也是我国海洋经济领域的首个援外规划项目。2017年5月，佛得角政府向中国政府提出，希望中国为圣文森特岛海洋经济特区规划编制提供技术援助。2018年1月10日至11日，经中、佛两国政府外交换文，中国政府同意承担佛得角圣文森特岛海洋经济特区规划技术援助项目。援佛得角圣文森特岛海洋经济规划项目于2018年4月25日正式启动，至2018年8月底完成全部任务并将智力成果提交佛得角政府，2018年10月17日中佛双方在佛得角首都签署交接证书。佛得角圣文森特岛海洋经济特区规划有力对接了"一带一路"倡

议，为双方海洋领域合作带来新的机遇，也对佛得角经济发展与吸引投资具有重要影响。

（执笔人：林香红、刘禹希）

3

"十三五"时期中国海洋经济发展政策

"十三五"时期是我国全面建成小康社会的关键时期，也是我国海洋经济与事业发展迈上新征程的重要时期。《国民经济和社会发展第十三个五年规划纲要》专章提出"拓展蓝色经济空间"，全面部署"十三五"期间国家海洋发展工作。《全国海洋经济发展"十三五"规划》颁布实施后，国务院有关涉海部门强化对涉海产业的引导与支持，沿海地区相继出台地方海洋经济发展"十三五"规划以及涉海产业专项规划政策，明确沿海各地支持海洋经济发展着力点与重点任务，全国上下发展海洋经济、建设海洋强省（市）的政策氛围日益浓厚，海洋经济发展进入了政策繁荣期。

一、宏观政策

"十三五"以来，从国民经济和社会发展规划的专章部署，到《全国海洋经济发展"十三五"规划》以及海洋领域一系列专项规划颁布实施，再到支持海洋经济发展的财政、金融的具体举措，海洋经济发展的政策环境日益完善，宏观指导和调节海洋经济的手段和措施逐步健全。

（一）发展规划

2015 年，中央关于制定"十三五"规划的建议中提出"拓展蓝色经济空间。坚持陆海统筹，壮大海洋经济，科学开发海洋资源，保护海洋生态环境，维护我国海洋权益，建设海洋强国"。次年，《国民经济和社会发展第十三个五年规划纲要》中，以"拓展蓝色经济空间"为章，分"壮大海洋经济""加强海洋资源环境保护""维护海洋权益"三节，全面部署"十三五"期间国家海洋发展工作。相比"十二五"规划纲要提出的"优化海洋产业结构""加强海洋综合管理"，国家赋予海洋经济的发展使命和任务发生了明显的变化，已从国内海洋事务向维护海洋权益、推动海上合作的全球视角转变。具体表现如下。

一是更加强调海洋经济质量提升和优化布局。与"十二五"时期相比较，"十三五"规划进一步明确了海洋科技应着重"在深水、绿色、安全的海洋高技术领域取得突破"，应"加快发展海洋服务业，推进智慧海洋工程建设"，突出现代信息技术在海洋领域的应用，海洋经济布局也从"山东、浙江、广东等海洋经济发展试点"拓展到福建、天津、海南和青岛蓝谷等地区，更加关注到优势区、特色区和示范区的差异化、均衡化发展。

二是着重强化海洋资源环境保护的管控举措和制度保障。与"十二五"时期相比较，"十三五"规划明确提出了"陆源污染物达标排海和排污总量控制制度，建立海洋资源环境承载力预警机制""建立海洋生态红线制度""实施海洋督查制度"，从制度保障上维护和严控海洋资源环境保护，并从"加强围填海管理"到"严格控制围填海规模"，更加明确了围填海管理的着力点和主攻方向。

三是更加突出维护海洋权益的战略导向。与"十二五"时期相比较，"十三五"规划突出强调"统筹运用各种手段维护和拓展国家海洋权益"，既包括"加强海洋战略顶层设计，制定海洋基本法"等战略方针，也包括"加强海上执法机构能力建设""积极参与国际和地区海洋秩序的建立和维护"等能力和机制建设，为有效维护领土主权和海洋权益明确了路径指引和原则遵循。

（二）经济规划

《全国海洋经济发展"十三五"规划》立足"十三五"时期新的发展阶段，深入研判国内外发展环境与形势，提出"十三五"时期总体目标、主要任务和举措，不仅是"十三五"时期指导海洋经济的综合性国家级专项规划，也是指导"十三五"时期我国海洋经济发展的重要行动纲领。从规划执行情况来看，"十三五"时期，我国海洋经济保持平稳发展，预期目标和任务基本完成，重点领域取得显著成效，为推进建设海洋强国奠定了坚实基础。相比"十二五"时期，"十三五"规划具有以下特点。

一是以海洋强国建设为纲夯实经济基础。实施海洋强国战略无疑是贯穿"十三五"时期海洋发展的主旋律。"海洋强国"具体到经济领域，应有两方面含义，其一是着力提升海洋经济实力，不断提高我国海洋经济在国际上的影响力；其二是统筹陆海，以海洋经济发展引领沿海地区经济水平再上新台阶，从而进一步发挥这一区域在全国经济平稳增长中的"领头羊""排头兵"和"稳定器"作用。

二是依靠科技创新打造新活力新动力。增强自主创新能力是提高海洋经济发展质量和效益的内在动力和核心支撑。规划立足我国现有基础和优势，瞄准海洋经济发展方向和新领域，以创新为手段激发市场活力，着力推动海洋经济体制机制创新，引导海洋新技术转化应用和海洋新产业、新业态形成，培育海洋经济增长新动力，提升海洋经济发展质量和效益。

三是紧抓全方位扩大开放之"路"。"21 世纪海上丝绸之路"建设既是"十三五"时期我国海洋经济发展的重要机遇，也是重要任务。"十三五"规划从国家发展与安全的战略高度以及全面建成小康社会的要求出发，提出树立海洋经济发展全球观，建立全方位开放的发展模式，紧紧融入和服务"一带一路"特别是"21 世纪海上丝绸之路"战略，并从中实现更大发展。

四是与生态文明建设互促共进。生态环境是"十三五"时期我国海洋经济发展的"紧箍咒"，更是海洋经济提质增资、拓展空间的基本保障。

"十三五"规划强调实现绿色发展、生态优先，就是要将生态环境保护作为海洋经济发展的前提条件，加强海洋资源集约节约利用，强化海洋环境污染源头控制，切实保护海洋生态环境，始终坚持开发与保护并重，不断增强海洋经济可持续发展能力，体现出海洋经济持续健康发展的必然要求和海洋生态文明建设的客观需要。

五是在体制机制上有所突破。《全国海洋经济"十三五"规划》贯彻落实全面深化改革的重大战略部署，以供给侧结构性改革为核心，聚焦海洋经济的重点领域和关键环节的体制机制创新，提出改革的方向，着眼于完善市场化资源配置、理顺海洋产业发展体制机制、加快投融资体制改革、推动海洋信息资源共享等方面深化改革，务求取得实实在在的成效。

（三）财税政策

"十三五"时期，财政部门通过财政直接支出和税收优惠两种政策手段，支持海洋经济高质量发展。与"十二五"时期相比，"十三五"时期财税政策延续对海洋产业和海洋公益事业的支持，促进海洋科技创新和绿色发展，大力推进区域示范，强调落实海洋领域减税降费。

一是统筹现有资金，支持海洋基础性领域建设、科技创新和绿色发展。通过一般均衡性转移支付（沿海地区）、专项转移支付（海岛及海域保护资金、海洋生态保护修复资金等）、专项资金（中央财政渔业资源保护增殖放流专项资金、中央财政渔业标准化健康养殖项目、海洋公益性行业科研专项经费、海洋可再生能源专项等）、海域使用金（中央留存部分）以及对于远洋渔业等相关领域的税收优惠政策等，对沿海地区补充地方财力、加快创新发展和环境治理等提供支持。其中，海洋可再生能源专项资金自 2010 年设立以来，截至 2018 年累计拨付经费 13 亿元，支持 100 多项海洋能项目。按照《国务院印发关于深化中央财政科技计划（专项、基金等）管理改革方案的通知》（国发〔2014〕64 号）等改革要求，增设"深海关键技术与装备""海洋环境安全保障"两个重点专项，支持海洋领域关键领域技术开发攻关。海洋生态修复方面，通过中央财政专项转移支付实施"蓝色海湾"治理和渤海综合治理两大项目。

二是优化政策组合，推动海洋产业转型升级。"十三五"时期，中央财政在继续落实已有政策基础上，结合财税改革的要求和海洋经济发展重点的调整，进一步优化政策组合手段，推动海洋产业结构优化升级。其一，继续实施渔业等相关补贴政策。通过渔业柴油补贴、渔业保险补贴、渔民双转专项资金补助、远洋渔业扶持等为主要内容的海洋渔业补贴政策，支持海洋渔业资源保护和"海洋牧场"建设。调整渔业油价补贴政策，将补贴政策调整为专项转移支付和一般性转移支付相结合的综合性支持政策。到 2019 年，将国内捕捞业油价补贴降至 2014 年补贴水平（242 亿元）的 40%。中央财政建立财政保险补偿机制，支持海洋科技创新和重点领域攻关。其中，自 2015 年起设立首台（套）重大技术装备保险补偿机制，对包括高技术船舶及海洋工程装备等进入《目录》的重大装备项目，由中央财政给予保费补贴。

三是加大投入力度，推动海洋区域示范。"十三五"期间，延续"十二五"海洋经济创新发展示范城市的支持，分两批重新明确了天津滨海新区、南通、舟山等 15 个示范城市，根据《关于"十三五"期间中央财政支持开展海洋经济创新发展示范的通知》规定，由中央财政通过战略性新兴产业发展专项资金等，向入选的示范城市拨付 3 亿元，重点支持其在海洋生物、海洋高端装备、海水淡化等产业进行创新发展和区域示范。同时，依据《全国海洋经济发展"十三五"规划》关于"选择有条件地区建设一批海洋经济发展示范区"以及《中共中央国务院关于建立更加有效的区域协调发展新机制的意见》关于"研究制定陆海统筹政策措施，推动建设一批海洋经济示范区"等要求，有关部门先后出台了《国家发展改革委　国家海洋局关于促进海洋经济发展示范区建设发展的指导意见》（发改地区〔2016〕2702 号）和《国家发改委　自然资源部关于建设海洋经济发展示范区的通知》（发改地区〔2018〕1712 号）等文件，支持山东威海等 14 个海洋经济发展示范区建设，并明确提出各示范区的重点工作任务。

四是落实减税降费政策，减轻涉海企业税负。2018 年以来，随着全国大规模减税降费政策的实施，涉海企业的宏观税负有所减轻。总体来看，涉及海洋经济的税收政策散见于鼓励高新技术企业、循环经济、软件企业、创新型企业、环保产业发展的增值税、企业所得税等税收优惠政策中，税收优惠方式是对符合规定要求的企业进行企业税收减免、税前扣除、先征后退、出口退税等。其一，继续落实现有税收政策。"十三五"时期，主要税收政策包括对远洋捕捞、海水养殖、海水淡化企业实施所得税减免政策，对海洋重要工程装备等进出口实施关税退税和增值税减免，对海洋油气资源开发实施增值税和消费税的"免、抵、退"，按照资源税改革的要求，对海洋油气资源按照实物量计算缴纳资源税。其二，明确新的税收政策。明确支持技术先进型服务企业、海洋油气开采等领域的税收优惠政策。对于认定的技术先进型服务企业，对企业所得税进行15%的减免；对海洋油气开采相关的工具零件，免征进口关税和进口环节增值税，对海洋工程装备及高技术船舶等部分行业2018年增值税期末留抵税额予以退还。其三，全面做好减税降费。2018年以来我国陆续推行了一系列减税降费的举措，通过对小微企业实施普惠型税收减免、下调制造业等行业增值税税率、降低社保费率等，进一步调动了企业微观主体的积极性，为海洋相关产业的发展积蓄了新的能量。

（四）金融政策

金融是实体经济的血脉，我国高度重视引导金融促进海洋经济发展，"十三五"期间，政府部门持续加强政策引导，完善顶层设计，深化多元化合作机制，提升金融服务专业化水平，拓宽海洋产业融资渠道，强化风险保障能力，取得了一系列重要进展。

一是加强金融促进海洋经济发展顶层设计。"十三五"期间，我国高度重视引导金融促进海洋经济发展，国家层面不断优化完善顶层设计。2017年，《全国海洋经济发展"十三五"规划》对涉海金融服务业发展、海洋经济投融资体制改革以及投融资政策作出规划和部署。2018年，中国人民银行等八部委联合发布《关于改进和加强海洋经济发展金融服务的指导意见》（以下简称"指导意见"），围绕推动海洋经济向质量效益型转变，明确了银行、证券、保险、多元化融资、投融资服务等领域的支持重点和方向。

二是完善政银合作机制。自然资源部大力引导开发性、政策性、商业性银行业金融机构服务海洋经济发展，与中国农业发展银行、中国进出口银行、中国工商银行等金融机构签署战略合作协议，联合中国农业发展银行、中国工商银行先后出台《关于农业政策性金融促进海洋经济发展的实施意见》《关于促进海洋经济高质量发展的实施意见》，共同推动融资融智、海洋经济发展示范区等方面合作，促进海洋经济向质量效益型转变。同时，沿海地方政府通过与银行业金融机构建立合作机制、加强财政资金支持等方式推动银行信贷支持海洋经济发展。2015年以来，山东、上海、福建等地海洋主管部门与当地银行业金融机构签订战略合作协议，促进海洋产业发展。福建等地以财政资金作为风险补偿专项资金，与银行合作为涉海中小企业贷款增信纾困，开展"现代海洋中小企业助保贷""海洋助保贷"等服务，取得积极成效。

三是支持设立涉海专业性银行机构。海洋产业具有专业性强、风险较大、投资回收期长等特征，需要专业高效的金融机构给予资金支持。《指导意见》提出，"鼓励有条件的银行业金融机构设立海洋经济金融服务事业部"。2019年，《中共中央国务院关于支持深圳建设中国特色社会主义先行示范区的意见》提出，"探索设立国际海洋开发银行"。"十三五"期间，沿海地区涌现出一批涉海专业性银行机构，浦发银行分别在青岛和舟山设立蓝色经济金融服务中心和海洋经济金融服务中心，交通银行成立青岛分行航运金融中心，等等。

四是优化提升涉海信贷服务。《指导意见》对银行信贷服务海洋产业发展进行了详细指引，提出"鼓励开展涉海资产抵质押贷款业务""鼓励采取银团贷款等模式""积极开展产业链融资"等方向。"十三五"期间，浦发银行等陆续制定支持海洋产业发展的信贷政策和具体措施，分业施策，减费让利，优化审批流程。多家银行积极创新，开发海洋特色信贷产品，提供综合金融服务方案，推进以海域使用权、在建船舶、海产品仓单等为抵质押担保的信贷服务，开展银团贷款，支持海洋产业链融资，服务涉海企业。

五是推动海洋产业对接多层次资本市场。自然资源部与深圳证券交易所合作推动海洋产业对接多层次资本市场。2020年，自然资源部与深圳证券交易所签署《促进海洋经济高质量发展战略合作框架协议》，全面深化部所合作，双方共同发布海洋经济主题股票价格指数"国证蓝色100指数"，合理引导社会预期。2016—2020年，自然资源部与深圳证券交易所连续5年联合举办海洋中小企业投融资路演活动，并成功开展重大科技成果路演活动和投融资培训活动，服务涉海企业高效率、低成本投融资对接，促进海洋科技成果转化。

六是加快发展海洋产业基金。《指导意见》要求"积极引入创业投资基金、私募股权基金"，"十三五"期间，天津、山东、浙江、江苏、福建、广东等沿海地方成立多项海洋产业基金，大力培育海洋经济发展新动能。海洋产业基金大多由国有企业、政府引导基金发起，吸引社会资本投资，目标投资领域覆盖海洋传统产业和新兴产业，包括海洋交通运输业、海洋渔业、海洋工程装备制造、海洋生物医药、海洋新能源、海洋信息服务业等领域。

七是丰富涉海债务融资工具。《指导意见》对债券融资作出了"探索发行资产支持证券""加大绿色债券的推广运用"等部署。2020年，中国银保监会发布《关于推动银行业和保险业高质量发展的指导意见》，提出探索蓝色债券等创新型绿色金融产品。"十三五"期间，沿海地方政府、涉海企业、金融机构通过发行政府专项债券、资产支持证券等多种债务融资工具，促进海洋经济可持续发展，拓宽海洋产业融资渠道。

八是不断强化海洋保险保障。"十三五"期间，政府部门通过给予税收优惠、加强政策引导、划拨专项资金、开展保费补助等举措加大海洋保险支持力度。国务院常务会议决定对在广州南沙自贸区开展国际航运保险业务给予一定的税收优惠，浙江省发布《关于加强政策性渔业互助保险工作的意见》，宁波市划拨航运保险"专项资金"补助因疫情受损的航运企业，福建省开展财政补贴支持渔排财产保险扩面工作，广西壮族自治区对参加渔业互助保险的渔民和渔船进行补贴，海南省将渔船保险、渔民海上人身意外伤害保险纳入财政补贴范围，等等。渔业互保体制改革取得进展，2020年，农业农村部、银保监会联合印发《关于推进渔业互助保险系统体制改革有关工作的通知》，确定"剥离协会保险业务，设立专业保险机构承接"的总体思路，加快推进建立规范发展的渔业风险保障体系。

二、产业政策

国务院有关涉海部门强化对涉海产业的引导与支持，相继发布了《全国渔业发展第十三个五年规划（2016—2020年）》《全国海水利用"十三五"规划》《海洋可再生能源发展"十三五"规划》《海洋工程装备制造业持续健康发展行动计划（2017—2020年）》《智能船舶发展行动计划（2019—2021年）》《清洁能源消纳行动计划（2018—2020年）》《关于促进我国邮轮经济发展的若干意见》等规划政策，明确了海洋产业发展方向，规范了行业发展秩序，完善了配套政策。

（一）海洋渔业

"十三五"期间，通过持续强化管理、深化改革，规范渔业捕捞与生产，控制海洋捕捞强度，降低近海养殖密度，积极发展绿色健康养殖和休闲渔业，努力实现可持续的海洋渔业目标，海洋渔业政策总体稳定连贯、规范有序。从海洋渔业政策的制定与实施来看，总体呈现以下特点。

一是持续强化海洋渔业资源养护。捕捞许可证制度、捕捞限额制度、禁渔休渔制度和渔业资源增殖保护费制度是我国捕捞业最主要的管理制度和措施，也一贯是促进渔业资源养护、促进渔业捕捞转型升级的政策导向。"十三五"期间继续推动压减捕捞能力，规范捕捞作业，推行捕捞总量控制制度。《全国渔业发展第十三个五年规划（2016—2020年）》提出国内捕捞产量实现"负增长"，国内海洋捕捞产量控制在1000万吨以内的发展目标。《关于进一步加强国内渔船管控实施海洋渔业资源总量管理的通知》提出完善海洋渔船"双控"制度，实施海洋渔业资源总量管理制度。到2020年，全国压减海洋捕捞机动渔船2万艘、功率150万千瓦，国内海洋捕捞总产量减少到1000万吨以内。《渔业捕捞许可管理规定》对渔船管理进行重大改革，实行以船长为标准的渔船分类方法，实现了与国际管理规则接轨，并将渔捞日志管理作为实施渔业资源总量管理的重要措施。同时，为充分发挥国家级"海洋牧场"示范区典型示范和辐射带动作用，完善国家级"海洋牧场"示范区的建设和管理，《国家级"海洋牧场"示范区管理工作规范（试行）》从规划引导、考核评价、规范管理等方面综合施策，大力引导沿海各地推动"海洋牧场"示范区建设。

二是加快推进渔业油价补贴政策改革。渔业油价补贴是党中央、国务院出台的一项重要的支渔惠渔政策，对于促进渔业发展、保护渔民利益、维护渔区稳定发挥了重要作用。但在政策实施过程中，随着渔业油价补贴不断增加，进一步刺激近海捕捞无序扩张，与降低捕捞强度、支持渔民转产转业政策相背离。同时渔业渔船监管手段滞后，导致补贴政策执行中走样变形，违规现象时有发生等，渔业油价补贴改革势在必行。在财政部、原农业部《关于调整国内渔业捕捞和养殖业油价补贴政策 促进渔业持续健康发展的通知》对国内渔业捕捞和养殖业油价补贴标准和补贴方式进行重大调整的基础上，2016 年发布了《关于做好 2016 年国内渔业油价补贴政策调整专项转移支付项目实施工作的通知》，要求 2016 年中央财政国内渔业油价补贴政策调整专项转移支付资金用于支持海洋捕捞渔民减船转产、渔船报废拆解、海洋捕捞渔船更新改造、人工鱼礁建设、渔港航标等公共基础设施建设及深水抗风浪养殖网箱、海洋渔船通导与安全装备建设工作。"十三五"以来，中央财政补贴资金与用油量彻底脱钩，"退坡"式逐年减少渔业直接生产成本补贴，有力地推动了渔业生产结构调整和捕捞强度的有效控制。

三是大力鼓励绿色健康养殖。水产养殖是我国海洋渔业增长中最具潜力的增长点，在我国海洋渔业产业构成中占有重要地位。为加快推进水产养殖业绿色发展，促进产业转型升级，《关于加快推进水产养殖业绿色发展的若干意见》提出以减量增收、提质增效为着力点，加快构建水产养殖业绿色发展的空间格局、产业结构和生产方式。为规范引导近海养殖，《全国渔业发展第十三个五年规划（2016－2020 年）》提出，近海过剩产能要得到有效疏导，近海养殖强度逐步降低，到 2020 年海水养殖面积控制在 220 万公顷以内。为持续推进减少水产用药使用量，促进水产品质量不断提升，《2019年全国水产养殖用药减量行动方案》从工作目标、职责分工、技术路线和工作要求方面开展水产养殖用药减量行动，提高水产品质量安全。特别是深远海智能化养殖得到重点支持，2018年，中央投入项目资金2亿元，继续支持浙江、山东等八省市推广深海抗风浪养殖网箱。2019年，农业农村部等十部委《关于加快推进水产养殖业绿色发展的若干意见》提出支持发展深远海绿色养殖，鼓励深远海大型智能化养殖渔场建设。2020年，农业农村部制定的《社会资本投资农业农村指引》提出要鼓励社会资本发展深远海智能网箱养殖，推进深远海大型智能化养殖渔场建设。

四是规范发展远洋渔业。"十三五"是我国远洋渔业发展的关键转型期，为促进远洋渔业持续规范有序发展，《"十三五"全国远洋渔业发展规划》提出强化规范管理，加强国际合作，提升国际形象，努力建设布局合理、装备优良、配套完善、生产安全、管理规范的远洋渔业产业体系。为支持海运业发展，借鉴国际做法，财政部、税务总局发布《关于远洋船员个人所得税政策的公告》，提出从2020年1月1日起到2023年底，对一年在船航行时间累计满183天的远洋船员，其取得的工薪收入减按50%计入应纳税所得额。同时，全面修订《远洋渔业管理规定》，进一步接轨国际管理规则，强化涉外安全管理，加大违规处罚力度，便利管理相对人，并首次建立远洋渔业履约评价制度，利用经济杠杆推动提高远洋渔业企业履约能力，为远洋渔业规范有序高质量发展提供制度保障。此外，连续三年发布了进一步加强远洋渔业安全管理的相关规定，为进一步强化远洋渔业安全管理，保障我渔船船员安全和合法权益，树立我负责任渔业大国形象建章立制。

（二）海洋旅游业

"十三五"以来，海洋旅游业快速发展，已经成为沿海地区发展旅游产业的重点。随着国家对旅游业支持力度的不断加大，沿海地区发展海洋旅游的热情持续高涨，不断完善海洋旅游基础设施，"海洋＋"新兴业态不断涌现，邮轮旅游形成初步规模，福建、广东加快部署海岛旅游建设方案。总体上看，海洋旅游业相关政策呈现以下特点。

一是不断拓展海洋旅游范畴。无论是国家层面还是沿海地方层面，对海洋旅游业的发展谋划不断由滨海旅游向海洋、海岛旅游拓展，邮轮游艇旅游、海上运动等旅游新业态也在抓紧布局与发展中。如《"十三五"旅游业发展规划》提出大力发展海洋及滨水旅游，加快发展海岛旅游、邮轮旅游、游艇旅游。《关于进一步激发文化和旅游消费潜力的意见》提出着力开发海洋海岛旅游，支持邮轮游艇旅游等新业态发展。《山东省精品旅游发展专项规划（2018—2022年）》提出大力发展海滨、近海、深海旅游，推进海岛旅游、邮轮旅游、海洋运动、海水康养等。《山东省旅游业发展"十三五"规划》提出建设海洋、海岸、滨海腹地三大滨海特色旅游带，鼓励发展邮轮游艇旅游。《上海市旅游业改革发展"十三五"规划》提出发展邮轮旅游，建设滨海水上旅游带，打造崇明国际生态旅游岛。《浙江省旅游业发展"十三五"规划》提出重点发展邮轮、游艇、人造海滩、特色度假岛等四大高端产品。《福建省"十三五"旅游业发展专项规划》提出提升蓝色滨海带，发展滨海度假、海洋运动、海丝文化体验等。《海南省旅游发展总体规划（2017—2030）》提出做强滨海旅游，拓展海洋、海岛旅游发展空间，稳步推进三沙旅游，积极发展邮轮旅游，大力发展帆船、游艇、海钓等海上休闲运动。《广东省海岛旅游发展总体规划（2017—2030年）》《关于印发平潭国际旅游岛建设方案的通知》《关于横琴国际休闲旅游岛建设方案的批复》等政策的出台，为我国海岛旅游的发展指明了方向。

二是支持加强旅游基础设施建设。基础设施的进一步完善是推进海洋旅游提升发展能级的基础支撑，国家和沿海地方要全面推进提升海洋旅游配套服务水平，完善旅游服务功能。《"十三五"旅游业发展规划》提出有序推进邮轮旅游基础设施建设，改善和提升港口、船舶及配套设施的技术水平。国家旅游局印发的《关于促进交通运输与旅游融合发展的若干意见》明确要完善旅游交通基础设施网络体系，健全交通服务设施旅游服务功能，推进旅游交通产品创新，提升旅游运输服务质量，并提出鼓励发展旅游客运码头、游艇停靠点等，提升旅游服务功能。优化沿海邮轮港口布局，逐步形成分布合理的邮轮港口体系。加强邮轮港口与城市旅游体系的衔接，引导有条件的城市建设邮轮旅游集散枢纽。广东省通过专项规划《广东滨海旅游公路规划》布局提升广东滨海地区的交通运输服务能力，用以推动"海洋-海岛-海岸"旅游立体开发，支撑广东沿海经济带协调发展，促进滨海旅游转型升级。

三是鼓励推进海洋旅游与相关产业融合。随着"旅游＋"和"互联网＋"双轮驱动，我国海洋旅游与生态、健身、文化等领域加快融合，海洋旅游产品多样化、旅游形式多元化。国家和沿海地方在推进"滨海旅游＋"发展方面积极出台相关意见和规划。如《全国生态旅游发展规划（2016—2015年）》在总体布局中设置了海洋海岛生态旅游片区，涵盖我国领海及管辖海域、海岛（含海南岛），提出依托丰富的海洋海岛资源和海上丝绸之路文化资源，打造具有海上观光、海上运动、滨海休闲度假、热带动植物观光等特色的海洋海岛生态旅游片区。《关于加快发展健身休闲产业的指导意见》提出推动公共船艇码头建设和俱乐部发展，积极发展帆船、赛艇、皮划艇、摩托艇、潜水、滑水、漂流等水上健身休闲项目，实施水上运动精品赛事提升计划，依托水域资源，推动形成"两江两海"（长江、珠江，渤海、东海）水上运动产业集聚区。《广西壮族自治区关于加快文化旅游产业高质量发展的意见》提出大力发展海丝文化旅游，培育海上丝路邮轮游。

四是鼓励发展邮轮旅游新业态。现代邮轮旅游起源于西方欧美国家，是一种独具特色的现代化中高端旅游方式。邮轮旅游产业作为旅游业新近诞生的新兴业态，发展速度快、附加值高、对地区经济带动辐射效应强，日益发展成为沿海地区产业转型发展的风向标。自从邮轮旅游进入中国市场以来，邮轮产业快速发展，逐渐为政府及行业所重视，得到国家及地方政府的积极引导和大力支持。交通运输部等多部门联合印发的《关于促进我国邮轮经济发展的若干意见》提出积极发展邮轮旅游市场，丰富邮轮旅游产品，培育本土邮轮发展，提升邮轮运输旅游服务水平。该意见是我国邮轮经济发展的重要指导性文件，上海、福建等地随后也出台相关政策文件引导本地邮轮旅游发展。《天津市邮轮旅游发展三年行动方案（2018—2020年）》提出推动邮轮旅游品质提升，实现邮轮旅游由高速增长转向高质量发展，打造天津邮轮旅游产业升级版和天津旅游新高地。此外，"十三五"期间邮轮旅游管理制度进一步规范，《上海市邮轮旅游经营规范》《关于推广实施邮轮船票管理制度的通知》的出台，有助于邮轮旅游更健康、有序地发展。

（三）海上风电

"十三五"以来，随着海上风电勘测设计水平和施工建设能力日趋成熟，装备能力提升显著，海上风电呈现出快速发展势头，福建、广东、山东等省加快部署海上风电开发与产业链建设，海上风电建设、运营、用海管理等政策措施相继推出。总体上看，海上风电相关政策呈现出以下特点。

一是加速推进海上风电向全产业链布局。随着海上风电产业呈现快速增长势头，对海上施工安装、运维、储能装置以及零配件制造等配套服务产业需求与日俱增，多项规划提出延伸海上风电产业链、打造风电产业基地的发展方向。如《风电发展"十三五"规划》中指出，健全海上风电配套产业服务体系，加强海上风电技术标准、规程规范、设备检测认证、信息监测工作，形成覆盖全产业链的设备制造和开发建设能力；《全国海洋经济发展"十三五"规划》提出延伸储能装置、智能电网等海上风电配套产业，因地制宜、合理布局海上风电产业；《天津市新能源产业发展三年行动计划（2018—2020年）》提出加强风力发电整机研发，提升关键部件研制能力；《福建省"十三五"能源发展专项规划》提出完善综合配套，着力打造东南沿海抗台风海上风机及零配件制造的风电产业基地，发展专业施工安装及船舶维护、海底电缆制造等产业；《广东省海上风电发展规划（2017—2030年）（修编）》提出形成集海上风电机组研发、装备制造、工程设计、施工安装、运营维护于一体的风电全产业链。

二是鼓励向深远海推进海上风电建设。随着漂浮式海上风电技术的逐步成熟，加之我国近海海域空间的日益紧张，突破"双十"推进海上风电深海离岸化布局成为未来发展趋势，多部规划已着手推进相关技术研发和产业探索。《全国海洋经济发展"十三五"规划》提出鼓励在深远海建设离岸式海上风电场；《关于印发2018年能源工作指导意见的通知》提出探索推进深远海域海上风电示范工程建设；《海洋可再生能源发展"十三五"规划》提出掌握远距离深水大型海上风电场设计、建设及运维等关键技术，推进深海风电发展；《上海市能源发展"十三五"规划》提出支持探索深远海海上风电开发；《山东海洋强省建设行动方案》提出在水深超过 10 米、离岸 10 千米以外的海域科学有序地开发海上风电；《广东省海上风电发展规划（2017—2030 年）（修编）》提出积极开展移动测风、漂浮式海上风电基础、远距离海上风电输电方式、海上风能与波浪能潮流能综合利用、海上风电开发的环境影响等关键核心技术研发和相关实验示范项目建设，推动深水海上风电项目开发建设。

三是鼓励海上风电实现多能互补和产业融合发展。随着海上开发活动的日益丰富，"海上风电＋"模式不断探索创新，海上风电在能源供给方面的独特优势被看好，多项规划提出"海上风电＋海洋牧场""海上风电＋海洋能"等发展模式。如《海洋可再生能源发展"十三五"规划》提出探索海上风电和波浪能、潮流能等综合利用；《山东海洋强省建设行动方案》提出加快开展黄海和渤海不同类型海域离岸海上风电与"海洋牧场"融合发展试验。

四是加速推进海上风电平价化进程。随着光伏、风电等非水可再生能源发电产业转型升级和技术进步加快，国家积极推进非水可再生能源发电无补贴平价上网。2019 年 5 月 21 日发布的《关于完善风电上网电价政策的通知》，首次下调海上风电电价，并把海上风电标杆电价改为指导价。2019 年新核准的近海风电项目电价下降至 0.8 元 / 千瓦时，2020 年调整为每千瓦时 0.75 元。新核准近海风电项目通过竞争方式确定的上网电价，不得高于上述指导价。新核准潮间带风电项目通过竞争方式确定的上网电价，不得高于项目所在资源区陆上风电指导价。《关于促进非水可再生能源发电健康发展的若干意见》明确提出新增海上风电不再纳入中央财政补贴范围，按规定完成核准（备案）并于 2021 年 12 月 31 日前全部机组完成并网的纳入中央财政补贴范围。这一政策定调了"十四五"时期中国海上风电产业发展的主旋律——"平价化"。此外，市场竞价机制的引入，将进一步驱动风电技术创新，加速海上风电平价化进程。

（四）海洋交通运输业

海洋交通运输业是国民经济的蓝色大动脉，是对外经济贸易发展的晴雨表，在国民经济中具有重要的战略地位。"十三五"期间，我国海洋交通运输业持续优化港口布局，着力建设绿色、智能、安全的世界一流港口，努力推进海运业高质量发展，有力推动海洋交通运输业总体保持平稳发展。从海洋交通运输业政策的制定与发布实施来看，总体呈现以下特点。

一是将建设"世界一流港口"和"海运强国"确立为总目标定位。2019年，习总书记视察天津港时强调，"经济要发展，国家要强大，交通特别是海运首先要强起来"。为此，《关于大力推进海运业高质量发展的指导意见》着眼于海运业高质量发展，对2025年、2035年和2050年提出分阶段目标，明确到2025年基本建成海运业高质量发展体系，服务品质和安全绿色智能发展水平明显提高，综合竞争力、创新能力显著增强，参与国际海运治理能力明显提升，到2050年海运业发展水平位居世界前列，全面实现海运治理体系和治理能力现代化。同时，2019年发布的《关于建设世界一流港口的指导意见》着眼于世界一流港口建设，对2025年、2035年和2050年也提出分阶段目标，明确到2025年世界一流港口建设取得重要进展，主要港口绿色、智慧、安全发展实现重大突破，地区性重要港口和一般港口专业化、规模化水平明显提升，到2050年全面建成世界一流港口，发展水平位居世界前列。从海运强国到世界一流港口，明确了我国海洋交通运输业发展的总体目标和发展路线图，充分体现了党中央、国务院对海洋交通运输业发展的殷切希望，也对港口、海运在社会主义现代化强国建设中的角色定位提出了更高的要求。

二是明确绿色、智能、安全是指导方针和根本遵循。港口是综合交通运输枢纽，也是经济社会发展的战略资源和重要支撑。为落实《交通强国建设纲要》，加快世界一流港口建设，《关于建设世界一流港口的指导意见》提出"加快绿色港口建设，着力强化污染防治，构建清洁低碳的港口用能体系，加强资源节约循环利用和生态保护""加快智慧港口建设，建设智能化港口系统，加快智慧物流建设""加快平安港口建设，着力强化本质安全，着力推进双重预防机制建设，着力强化安全保障与应急能力"。我国对外贸易80%以上通过海上运输来实现，海洋交通运输业在构建新发展格局中具有重要的地位和作用。《关于大力推进海运业高质量发展的指导意见》以加快形成海运业高质量发展体系为目标，围绕绿色低碳发展、智慧创新引领，提出优化用能结构、加强船舶污染防治、增强创新驱动能力等重点任务；围绕安全保障可靠、应急迅速有效，提出着力强化船舶安全管理、健全安全生产体系、提升应急处置能力等重点任务。从沿海地区的规划来看，绿色、智能、安全也贯穿于地方相关规划中，厦门、深圳分别提出绿色港口、绿色低碳港口建设；深圳还设立了深圳市绿色低碳港口建设补贴资金；上海着力推动国际航运中心建设，在《上海国际航运中心建设三年行动计划（2018—2020）》中提出"推动绿色航运发展，加快岸电设施推广与应用""推动智慧航运发展，打造长江口深水航道E航海示范区"等等。

三是海洋交通运输业发展关键环节和要素保障首次被关注。相较于以往涉及海洋交通运输业的规划政策，通常综合性政策较为常见，"十三五"期间交通运输部发布了《中国船员发展规划（2016—2020年）》《"十三五"港口集疏运系统建设方案》，针对海洋交通运输业存在的突出问题，首次将规划深度从综合宏观深化到关键环节和要素保障。针对长期以来我国船员队伍难以满足国家战略和航运发展需要、船员市场保障机制和公共服务体系有待完善等突出问题，交通运输部发布了首部《中国船员发展规划（2016—2020年）》，从打造高素质船员人才队伍、提升船员职业技能、建设高效运行的船员市场体系、深化船员管理改革、建设船员公共服务体系和改善船员职业发展环境六个方面提出重点任务，为指导和引领船队队伍建设指明了方向和目标。此外，我国集疏运系统长期落后于港口发展，交通运输部划定的70个重要港区中，铁路进港率只有37%，全国52个主要港口中，仍有将近1/3的主要作业区没有实现二级及以上公路连通，集疏运系统已成为整个港口运输系统中的明显短板。针对上述问题，交通运输部等三部门联合发布《"十三五"港口集疏运系统建设方案》，提出以加快港口多式联运发展为导向，以提升港口集疏运能力和服务水平为核心，着力完善布局、优化结构、强化衔接、提升服务，加快打通铁路公路进港"最后一公里"，补齐港口集疏运基础设施短板，并明确"十三五"期间，拟安排车购税资金支持港口集疏运铁路和公路项目建设，撬动更多社会资金，进而为实现经济稳增长提供有力保障。

（五）船舶和海工装备制造业

"十三五"时期是我国船舶和海工装备制造业由大到强的战略机遇期，国家有关部门在配套能力、结构调整、智能化转型、绿色发展等领域制定相关规划举措，促进船舶和海工制造业健康持续发展。从政策的制定和实施来看，总体呈现以下特点。

一是船舶智能化转型加快推进。近年来，国际海事组织（IMO）大力推动实施"E-航海"战略，纷纷开展研发智能应用平台、自主航线系统、远程控制系统以及具备相关功能的智能船舶。尽管我国起步较晚，但是智能制造、智能航运等领域已形成一定技术积累和产业基础。同时，推动船舶工业实施智能化转型已列入中国船舶工业发展规划与行动计划，《智能制造发展规划（2016—2020年）》提出"促进智能船舶研发和产业化，在海洋工程装备及高技术船舶领域推进智能化技术"；《智能船舶发展行动计划（2019—2021年）》提出"以加快船舶智能技术工程化应用为重点，大力推动协同创新，积极探索产业新业态和新模式"；《推进船舶总装建造智能化转型行动计划（2019—2021年）》提出"加快推进船舶总装智能化转型，到2025年建立较为完善的船舶总装建造智能化标准体系"。此外，中国船级社也针对智能船舶编制发布了一系列行业指南和规范。预计未来在国家政策指引下，常规船舶的智能化升级以及新型智能船舶的相继研发，将共同推动中国智能船舶快速发展，同时智能概念将不仅限于硬件，而且是将展现在船舶全生命周期的服务内，将对船舶设计、船舶配套以及船员能力要求等方面产生深刻的变革。

二是船舶配套能力发展进入战略机遇期。长期以来，船舶配套设备一直是制约我国造船强国建设的主要瓶颈。中国船舶配套业与造船业规模之比为1:6，配套国产比率为60%—80%，且配套业缺乏国际知名品牌，技术水平与欧洲、日韩差距明显。为加快提高船用设备研制与服务能力，全面突破船舶配套产业发展瓶颈，2016年工信部印发《船舶配套产业能力提升行动计划（2016—2020年）》，提出"十三五"期间我国船舶配套产业将按照"分类施策、创新驱动、系统推进、军民融合、开放合作"原则逐步推进，到2020年基本建成较为完善的船用设备研发、设计制造和服务体系，关键船用设备设计制造能力达到世界先进水平。预计随着我国船舶配套产业的系统部署，将为我国从船舶大国向船舶强国建设夯实基础和提升能力。

三是绿色船舶正成为发展主旋律。随着IMO 2020限硫令的实施，国际海洋环保规则越来越严苛，我国确保满足国际公约环保要求，加快推动绿色船舶发展。近年来，LNG、LPG、双燃料动力船舶等一系列新能源船舶百花齐放，以超高压水除锈等为代表的绿色涂装工艺开启了中国船舶"坞修2.0"时代，以废气洗涤剂、柴油机SCR后处理系统、新型船机为代表的船配市场风头正劲。与此同时，中国政府层面多次出台相关政策和法规，引导支持绿色造船行业规范发展。2019年，国家发展和改革委公布《产业指导目录（2019年本）》，在鼓励类目录有关船舶方面，明确提出要鼓励散货船、油船、集装箱船等船型实现适应绿色、环保、安全要求的优化升级；并提出鼓励开发建造满足国际造船新规范、新标准的船型等17项鼓励措施。浙江、天津等地结合国家环保要求，相继制定船舶排放控制区方案，对排放控制区航行、停泊、作业的船舶排放的大气污染物、使用的燃油以及码头岸电利用均作出明确要求。预计未来相当长时期，"绿色"将成为造船行业最鲜明的底色和发展主旋律。

四是首台（套）重大技术装备应用配套制度逐步完善。首台（套）应用难一直是制约我国重大技术装备发展的"瓶颈"，为解决这个问题，我国从"十一五"开始持续在政府采购、财税政策等方面制定措施，鼓励企业研制和应用重大技术装备，并提出建立首台（套）保险机制，但相关配套措施一直没有落地。根据近十年的摸索和部分地区试点，"十三五"时期首台（套）重大技术装备应用配套制度逐步完善，财政部等部门联合印发《关于开展首台（套）重大技术装备保险补偿机制试点工作的通知》，确定从2015年起开展首台（套）重大技术装备保险补偿机制试点工作，试点期间主要对列入《首台（套）重大技术装备推广应用指导目录》的装备产品进行保险补偿，《目录》内装备且投保定制化综合险的企业，中央财政按照不超过3%的费率和年度保费的80%予以补贴。同时，发布《关于促进首台（套）重大技术装备示范应用的意见》，提出到2020年，重大技术装备研发创新体系、首台（套）检测评定体系、示范应用体系、政策支撑体系全面形成，保障机制基本建立。一系列配套制度，对于加快重大技术装备应用推广、促进装备制造业高端转型具有积极意义。

（六）海水淡化与综合利用业

"十三五"时期，为促进海水淡化与综合利用业发展，国家有关部门和沿海地方政府给予了前所未有的政策支持，积极推进海水利用在产业绿色转型、结构调整、工业节水和科技创新等领域的发展。从政策的制定与实施看，呈现以下特点。

一是海水利用在水资源配置体系中的地位得到肯定和提升。长期以来，海水利用在水资源配置体系中的地位仅是备用和补充水源。2017年，水利部在《非常规水源纳入水资源统一配置的指导意见》中提出，"大力鼓励工业用水优先使用非常规水源。沿海或海岛等缺水地区，工业用水应鼓励配置淡化海水。沿海地区大力推行直接利用海水作为工业循环冷却水"，并明确"要遵循能用尽用的原则，将非常规水源纳入水资源供需平衡分析和水源配置体系，明确非常规水源用水需求和配置量"。这是国家水利部门首次对海水淡化等非常规水源利用纳入水资源统一配置予以明确，非常规水源的巨大潜力将进一步释放，"第二水源"的重要作用将进一步增强。同时，《国家节水行动方案》明确提出在沿海地区充分利用海水，高耗水行业和工业园区用水要优先利用海水，沿海严重缺水城市可将海水淡化水作为市政新增供水及应急备用的重要水源。

二是海水淡化规模化应用加快部署。随着我国工业化、城镇化进程加快，沿海地区水资源短缺问题日益突出。海水利用作为解决水资源供给的方式之一应得到大力推广，实现规模化应用。为此，多部国家级规划政策对海水利用规模化应用做出具体部署，如《中华人民共和国国民经济和社会发展第十三个五年规划纲要》明确提出"推动海水淡化规模化应用"；《全国海水利用"十三五"规划》提出以扩大海水利用规模、培育壮大产业为主线，提升海水利用创新能力和国际竞争力，提高关键装备材料的配套能力，完善产业链条；《全国海洋经济发展"十三五"规划》提出"在滨海地区严格限制淡水冷却，推动海水冷却技术在沿海电力、化工、石化、冶金、核电等高用水行业的规模化应用"；《海岛海水淡化工程实施方案》提出要以海水淡化民生需求及产业发展为导向，将海水淡化与海岛生态岛礁建设相结合，强化海水淡化水对常规水资源的补充和替代。与此同时，天津、青岛、广西、海南等沿海地区也将海水利用纳入当地"十三五"海洋经济、水安全保障、城市发展、能源发展等规划。

三是海水利用财政投入与激励政策逐步完善。健全完善财政补贴和激励机制是推动海水淡化规模化发展的重要动力之一，"十三五"以来从国家到地区的财政补贴和激励取得显著突破。《全国海水利用"十三五"规划》提出围绕海水淡化工程和强化技术创新，完善财政投入机制，鼓励沿海地方政府对海水淡化水的生产运营企业给予适当补贴，探索实行政府和社会资本合作（PPP）模式，创新海水利用优惠、激励政策。2018年，国家发展和改革委员会印发《关于创新和完善促进绿色发展价格机制的意见》，提出未来将完善部分环保行业用电支持政策，到2025年底前，对实行两部制电价的海水淡化用电，免收需量（容量）电费。部分北方严重缺水地区也相继提出本地区的财政补贴和激励政策，2020年山东财政安排专项资金3100万元，统筹考虑各地年度新增海水淡化规模、"岛岛通淡水"重点民生工程需求等因素，对沿海市发展海水淡化产业予以奖补，重点支持海水淡化工程建设、海水淡化技术突破和民生用水淡化项目。青岛、烟台、潍坊也相继制定了专门针对海水淡化的财政补贴政策，如青岛出台《青岛市海水淡化项目运营财政补助办法》，专门针对青岛百发海水淡化项目，明确了结算价格核定、财政补助核定、预算安排和拨付程序等事项，并批复了海水淡化运营专项补贴15000万元；烟台发布《关于烟台市海水淡化用电价格有关事项的通知》，明确烟台市长岛和崆峒岛海水淡化项目自2018年3月1日起用电价格暂按居民生活用电类的非居民用户每千瓦时0.555元（含税）标准执行；潍坊出台了根据海水淡化项目产能和综合利用水平，统筹使用省级奖补资金，对符合条件的项目给予一次性奖励的政策措施。此外，天津市按照《关于促进海洋经济发展示范区建设发展的指导意见》，结合天津临港海洋经济发展示范区示范任务"提升海水淡化与综合利用水平，推动海水淡化产业规模化应用示范"，提出对于海水淡化保障供水需求的项目，将按年实际供水量给予每吨1元，单个项目补贴额最高不超过100万元／年的补贴。

四是多元资本加大对海水利用金融支持力度。《全国海水利用"十三五"规划》提出鼓励政府引导金融资本、民间资本等设立海水淡化产业投资基金，鼓励创业投资基金和私募股权投资基金投资海水淡化和利用业。自然资源部和中国工商银行联合出台《关于促进海洋经济高质量发展的实施意见》，明确中国工商银行在未来五年将为海洋经济发展提供1000亿元融资额度，其中海水淡化装备研发制造、海水淡化产业化规模化示范、海岛海水淡化及综合利用工程建设被列为重点支持的海洋经济领域。在国家政策引导下，沿海地方政府相继设立专门支持海洋经济发展的专项基金，如厦门建达海洋股权投资基金、天津市海洋经济发展引导基金、山东省新旧动能转换鲁信现代海洋产业基金，这些基金都将海水淡化与综合利用作为其主要投资领域之一予以重点支持。此外，浙江舟山市政府与杭州钢铁集团公司签订"五水共治"投资基金战略合作框架协议，商定初期投资规模100亿元，主要投向舟山群岛新区污水治理、污水管网改造、海水淡化、大陆引水、海洋环境保护等"五水共治"工程及环保产业项目和基础类项目等，引导各类社会资本投资"五水共治"及相关产业，加快环保产业发展。

（执笔人：徐丛春、李明昕、胡洁、李先杰）

产业篇

1
海洋渔业发展情况

一、现状与特点

作为海洋传统产业，海洋渔业在我国发展历史悠久，是海洋经济的四大支柱产业之一。"十三五"期间，我国海洋渔业综合能力保持在高水平稳定状态，产业结构更加合理，呈现出由传统养殖向绿色健康养殖、由近海向深远海、由数量增长型向质量效益型转变的良性发展趋势，已发展成为一个养殖、捕捞、加工、商贸、科研、增殖渔业和休闲渔业等为一体的较完整的产业体系，在提供优质动物蛋白和保障国家粮食安全供给方面发挥了十分重要的作用。

（一）综合生产能力保持在高水平稳定状态

2015 年，我国海水产品产量 3409.6 万吨，海水养殖面积 231.8 万公顷，海洋渔业增加值 4317.4 亿元，综合生产能力已经处在国际领先水平。"十三五"期间，海洋渔业继续贯彻国家的各项渔业发展政策，坚持生态优先、养捕结合和控制近海、拓展外海、发展远洋，我国海洋渔业综合生产能力保持在高水平稳定状态。2019 年，海水产品产量略有回落，为 3258.1 万吨，在近海养殖清退背景下，海水养殖面积得到有效控制，降至 201.4 万公顷，但是单位面积的海水养殖产品产量由 2015 年的 8.1 吨 / 公顷提升到 2019 年的

10.3 吨 / 公顷，养殖效率得到极大提升。

（二）海洋渔业生产结构进一步优化

90 年代以来，为了促进近海渔业资源的养护，实现资源的可持续利用，我国全面实施伏季休渔制度，并相继提出了"海洋捕捞产量零增长"和"海洋捕捞产量负增长"的发展目标，1999 年海洋捕捞产量达到峰值 1497.6 万吨，此后逐渐回落，但仍然高于学者预测的我国近海最佳可捕量（900 万吨 / 年）。2016 年 12 月，农业部印发《全国渔业发展第十三个五年规划》，明确提出 2020 年全国海洋捕捞总量要控制在 1000 万吨以内。2019 年，海洋捕捞产量 1000.2 万吨，基本完成"十三五"的目标，海洋捕养比从 2015 年的 41∶59 优化到 2019 年的 33∶67（图 3-1-1）。

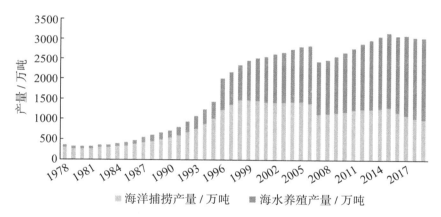

图 3-1-1　1978—2019 年我国海洋捕捞产量与海水养殖产量对比

数据来源：1978—1986 年数据来源于《中国渔业统计年鉴 2007》，1987—2019 年数据来源于《中国渔业统计年鉴 2020》

（三）"新技术渔业"为海洋渔业发展注入新的活力

"新技术渔业"的发展推进了海洋渔业现代化进程，"海洋牧场"、深远海大型智能化养殖装备等的发展，成为水产养殖业转型升级、绿色高质量发展的助推器。截至 2020 年底，全国已建成国家级"海洋牧场"示范区 136 个。2015 年，根据国家渔业捕捞和养殖业油价补贴政策调整的要求，农业部实行渔业油价补贴专项转移支付至深水抗风浪养殖网箱项目。"深蓝 1 号"于 2018 年 5 月建成交付，"深蓝 2 号"于 2019 年 6 月开工建设。

养殖工船移动功能可解决固定式养殖平台定点累积排放环境污染问题，并规避台风、赤潮等自然灾害，构建深远海工业化绿色养殖新模式。2018 年 7 月，我国首艘养殖工船"鲁岚渔 61699"号将首批 12 万尾三文鱼苗投入"深蓝 1 号"；国信中船（青岛）海洋科技有限公司开始建造全球首艘 10 万吨级可移动式深远海大型智慧养殖工船，预计可年产优质海水鱼 3200 吨。

工厂化循环水养殖也取得了较好的生态和经济效益，如青岛宏泰海产品养殖有限公司与韩国合作开展工厂化循环水养殖南美白对虾，养殖全程不用药、尾水零排放，年产优质虾类 18 万千克。

（四）外向型渔业迅速发展，国际化、规范化程度显著提高

我国海洋渔业发展的一个重大特征就是外向型渔业迅速发展，国际化、规范化程度显著提高，有效利用国内外两个市场、两种资源的能力不断增强，持续彰显负责任渔业大国形象。

从 2002 年起，我国水产品出口首次跃居世界首位，约占世界水产品贸易总额的 10%，特别是我国加入 WTO 后，水产品出口贸易进入了更快的发展阶段，形成了以国内自产水产品出口为主、来进料加工相结合的水产品国际贸易格局，进一步带动了渔业生产的发展和结构优化，提高了产业素质，提升了国际竞争力。2020 年，农业农村部印发《关于加强公海鱿鱼资源养护促进我国远洋渔业可持续发展的通知》，要求自 2020 年 7 月 1 日起，我国首次在西南大西洋公海相关海域试行为期三个月的自主休渔。

二、存在的问题

（一）海洋渔业结构仍然不够合理

海洋渔业是大农业的重要组成部分之一，是关系国计民生的基础产业，

主要包括海水增养殖，海洋捕捞，苗种培育，水产品加工、运输、贮存等行业。目前对海洋渔业结构的整体规划仍然有待优化，规划不合理不及时会导致养殖结构不合理。具体表现有：第一，养殖类型不合理。第二，不合理的规划导致环境资源超载。第三，海洋渔业科技创新能力不足。第四，海洋捕捞强度仍然在最佳可捕捞量之上，影响渔业生态平衡。

（二）"海洋牧场"建设存在制约

我国"海洋牧场"建设虽然取得了一定成绩，但在发展过程中仍旧存在不少问题，制约了"海洋牧场"综合效益的发挥：第一，缺乏统筹规划，科学布局有待加强。第二，区域发展不平衡，资金投入总体不足。第三，法律法规不完善，体制机制不健全。第四，科研基础薄弱，科技支撑落后于发展需求。

（三）传统投饵或不规范养殖引发环境问题

传统的投饵或不规范养殖导致近海环境恶化，残饵溶生的氮、磷等营养物质会引发赤潮；生长激素和抗生素会使有害菌群产生耐药性，甚至产生超级细菌；海水养殖用的EPS泡沫浮球、木结构小型网箱等会造成严重的"海洋白色污染"。以上这些污染不仅会导致严重的海洋环境问题，还会降低单位海洋空间的食品生产能力。

三、趋势分析

在生态文明建设背景下，海洋渔业生态化转型发展是当前的发展趋势。应重点以养殖新品种带动增养殖产业提升，以深远海养殖拓展海洋渔业发展空间。同时，可以依托科技资源优势，以海洋渔业修复与"海洋牧场"建设改善生态环境，以信息化建设为手段推动智能化养殖，进而推动海洋渔业优化升级。此外，还要以参与国际海洋治理为契机，加强与国际政策接轨，提升远洋渔业规范性，树立我国负责任渔业大国形象。

四、对策建议

（一）科研层面：依托科研机构大力开展生态灾害机理机制研究、海洋环境状况评估、野生种质资源保护等，为渔业健康可持续发展奠定环境基础

1. 开展生态灾害机理机制研究

针对日趋严峻的威胁渔业发展的海洋生态灾害问题，如赤潮、绿藻、海星、海蜇，开展生物灾害演变的过程、机制及其生态安全效应研究，厘清生物灾害演变机制，摸清预防和解决保障生态安全的关键节点，保护渔业可持续发展。

2. 开展海洋环境状况评估

研究、评估重要河口、海湾、海岛生态系统的安全性、脆弱性、承载力等，为海洋自然资源开发、渔业可持续发展提供科学的资源数据资料和决策依据。

3. 开展种质资源保护与研究

针对种质资源稀缺问题，开展野生种质资源调查、规划、保护工作，建设海洋种质资源库，开展水生动物基因组研究，构建水生动物基因库，为新品种培育和资源保护奠定基础。

4. 开展增殖放流

保护海洋生物多样性，在近海海域加大力度实施渔业资源修复行动，建立健全增殖放流体系，改善渔业资源种群结构和质量，实现资源可持续利用。

（二）技术层面：依托渔业技术力量，在科学研究基础上，利用新技术培育抗病、抗逆等渔业新品种，加强病害问题研究与防治，开展环境整治与修复工作

1. 开展新品种培育

采用现代生物工程技术，重点培育海水养殖的优良品种，同时引进国外

优良品种，开展野生品种的驯化工作，解决种质退化问题，建立地方遗传资源的开发利用与保护产业技术体系。

2. 开展病害防治

针对鱼、对虾、贝类、海参等重要养殖品种的多发疾病，研发早期高效诊断技术方法，开展海洋动物主要疾病疫苗及病原特异药剂研制、鱼类寄生虫病害的防治、对虾病毒特异药剂制备与防疫，研发渔用药物及安全应用技术。

3. 开展海洋环境整治与修复

大力开展海洋环境整治与生态修复，监测、评价、治理陆源污染、海上污染、地质灾害等环境破坏问题；集成利用微生物、植物等环境修复技术，对养殖密集区进行示范开发；建立"海洋牧场"生态修复模型，构架"海洋牧场"效应评价体系，为重点海域的生物种群恢复及其生态修复提供技术示范。

（三）产业层面：发挥产业和环保等政策作用，鼓励科研机构和涉海养殖、环保、装备企业与养殖户等海洋渔业主体开展合作，进行新品种推广、养殖工艺升级和设施改进工作，主导或参与海洋渔业修复、环境治理、"海洋牧场"建设等活动，推进深海养殖与远洋捕捞业

1. 调整和优化渔业产业结构，转变发展模式

大力发展海水产品的精深加工，发展海洋渔业服务业，加快海洋休闲渔业，提高海洋渔业整体质量与效益。海洋捕捞方面，应由近海捕捞向远洋渔业发展。近海渔业资源的减少迫切需要修养恢复渔业资源，同时开辟新渔场，发展远洋渔业，保证渔民正常收入。海水养殖方面，促进养殖技术发展，由传统养殖向工业化、规模化现代养殖技术发展。同时开辟近海"海洋牧场"，实施人工筑礁等措施，促进海水养殖生态化发展。水产品加工方面，促进水产品由初级加工向精深加转型发展。应进一步吸引资金投入，提高加工技术与加工设备现代化科技化水平，发展海水产品精深加工，增加我国海水产品加工企业国际竞争力，提高市场占有份额。海洋渔业服务业方面，主要包括海上运输、近海休闲渔业等项目的发展。应健全市场体系，规范海水产品流通渠道，确保市场信息的畅通与信息的对称；同时加强水产行业与物流运输行业之间的沟通融合，促进水产运输的快速发展，提高水产品流通的速度和水产品质量的安全。

2. 由单一产业结构向多元化产业结构转型

发展多种所有制渔业经济体制，促进多种经营方式并存发展的渔业生产体制。传统海洋渔业捕捞和海水养殖均以个人和家庭模式为主，经济结构单一，资金的缺乏和技术的落后阻碍了海洋渔业的规模化、现代化发展和可持续发展。目前产业结构主要转型方向包括：海洋捕捞方面，在原有的渔业股份合作经营体制基础上，继续鼓励和引导外部资金的投入，对资金投入较大的渔船实行股份合作制，以此降低渔民的资金投入和承担的风险。海水养殖方面，继续扩大承包经营体制，对家庭养殖户、个人及家庭合作养殖户进行鼓励发展与引导培训，对规模化养殖企业进行技术指导，使近海水产养殖的发展走向现代化、市场化和产业化。海洋渔业资源利用方面，一是推进海洋渔业资源循环利用，提高对海洋渔业资源的综合利用水平；二是由"耗竭型"开发方式向"可持续型"开发方式转变，严格遵循捕捞限额制度与捕捞许可制度，遵循禁渔期与休渔期的相关规定，不违法、非法捕捞。

3. 构建海洋产业循环发展模式

根据清洁生产、延长产业链、产业集聚、循环生产等理念，开展海水养殖中的多营养层次综合养殖，发展现代绿色海水养殖模式，从生态系统水平上探讨不同营养层次生物开发利用，综合生态系统多种服务功能，如食物供给、生态服务等，寻求海洋渔业的最佳产出规模，实现海洋生产与气候调节、文化服务等多方面共赢。

（执笔人：郑艳）

2
海洋油气业发展情况

一、现状与特点

2020 年，受新冠肺炎疫情和国际形势影响，国际油价持续走低，在保障国家能源安全、实现油气增储上产的总体要求下，我国加大了对海洋油气的勘探开发力度，海洋油气产量逆势增长，全年增加值 1494 亿元，同比增长 7.2%。

（一）海洋油气增储上产成效显著

全年海洋原油产量 5164 万吨，同比增长 5.1%，海洋天然气产量 186 亿立方米，同比增长 14.5%。自 2016 年以来，海洋油气增加值呈现逐年上升趋势（图 3-2-1），"十三五"期间，海洋原油产量占全国原油产量的比重一直处于 25% 左右，小幅波动，呈先降后扬态势（图 3-2-2）。海洋油气业受国家政策导向及国际环境影响较大，总体上来看，海洋原油产量呈先抑后扬趋势，海洋天然气产量逐年上升（图 3-2-3）。

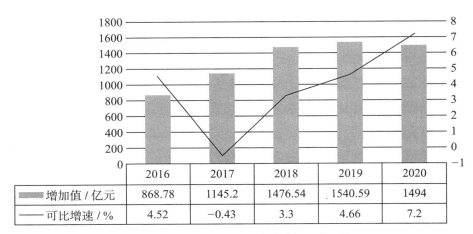

	2016	2017	2018	2019	2020
增加值 / 亿元	868.78	1145.2	1476.54	1540.59	1494
可比增速 / %	4.52	−0.43	3.3	4.66	7.2

图 3-2-1　2016—2020 年海洋油气业发展情况

	2016	2017	2018	2019	2020
海洋原油产量占全国原油产量比重 / %	25.85	25.52	25.42	25.74	26.49

图 3-2-2　2016—2020 年海洋原油产量占全国原油产量情况

数据来源：2016—2018 年数据来源于《中国海洋经济统计年鉴 2019》，2019 年和 2020 年数据根据《2019 年中国海洋经济统计公报》《2020 年中国海洋经济统计公报》和国家能源局公布数据计算所得

（二）海洋油气开采地区集中度高

从开采海域来看，我国海洋石油开采主要集中在渤海湾与南海北部，在南海中南部无开发活动，油气勘查方式以地球物理调查为主，调查资料缺乏钻井验证，处于起步阶段，油气资源勘探开发任重而道远。从区域行业发展

看，天津和广东在全国海洋石油和天然气业的发展中占主导地位，两地区海洋原油和天然气产量占全国海洋原油和天然气产量比重保持在 80% 以上。

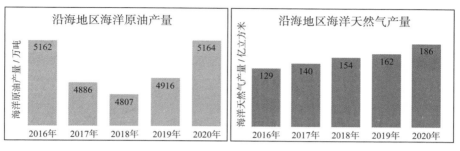

图 3-2-3　2016—2020 年海洋油气产量

数据来源：2016—2018 年数据来源于《中国海洋经济统计年鉴 2019》，2019 年数据来源于《2019 年中国海洋经济统计公报》，2020 年数据来源于《2020 年中国海洋经济统计公报》

如表 3-2-1 所示，我国沿海地区海洋原油产量在总体趋势上是逐渐上升，产量最高的是天津，在 2018 年达到 2738.49 万吨，其次是广东的 1484.57 万吨。

表 3-2-1　2015—2018 年沿海地区海洋原油产量

单位：万吨

年份	地区					
	天津	河北	辽宁	上海	山东	广东
2015	3113.8	219.8	53.0	32.5	309.2	1688.0
2016	2923.4	181.7	54.9	36.5	312.4	1653.0
2017	2757.7	173.5	55.5	39.5	321.2	1538.9
2018	2738.49	163.41	54.63	37.65	328.2	1484.57

数据来源：2015 年数据来源于《中国海洋经济统计年鉴 2018》，2016—2018 年数据来源于《中国海洋经济统计年鉴 2019》

如表 3-2-2 所示，我国沿海地区海洋天然气产量在总体趋势上是逐渐上升，产量最高的是广东，在 2018 年达到 1031041 万立方米，其次是天津的

308226 万立方米，辽宁最少，2018 年为 1520 万立方米。

表 3-2-2　2015—2018 年沿海地区海洋天然气产量

单位：万立方米

年份	地区					
	天津	河北	辽宁	上海	山东	广东
2015	289771	77634	1991	123977	11676	967351
2016	271851	55899	2278	151140	10560	796876
2017	284305	46341	1818	154570	11126	897302
2018	308226	39108	1520	147148	11421	1031041

数据来源：2015 年数据来源于《中国海洋经济统计年鉴 2018》，2016—2018 年数据来源于《中国海洋经济统计年鉴 2019》

（三）我国海洋油气勘探力度进一步加大

2020 年，渤海莱州湾北部地区发现大型油田垦利 6-1 油田，南海东部海域发现惠州 26-6 油气田。中海油完成了在国内海域 11 个油气开发新项目的投产，其中包括我国海上最大高温高压气田东方 13-2 气田、我国首个自营深水油田群流花 16-2 油田群、渤海湾首个千亿方大气田渤中 19-6 试验区等。

二、存在的问题

（一）油气开采主要集中在近海，远海油气开采欠缺

由于勘探技术和经济风险的限制，长期以来，我国海域油气勘探主要集中在浅水陆架区，目前已发现近 200 个油气田、145 个含油气构造，油气总产量在 2010 年已突破 5000 万吨油当量。在加大勘探工作量投入的基础上，我国近海油气勘探步入了历史最好时期。然而，随着近海油气资源的持续开发利用，油气勘探正面临严峻挑战，剩余开采量下降较快，新增产量增长不

足，近海重大新发现较少等问题日益凸显，使得继续保持和增加油气产量、扩大油气储量的难度越来越大。

（二）部分已探明油气田受非技术因素影响处于搁置状态

目前渤海已经探明 8.7 亿吨油气当量，但是大部分区域受国防建设等影响无法正常开发。东海、南海、黄海资源量 861 亿吨油当量，多数区域为外交敏感区，其中东海已经发现的宁波 22–1 气田和黄岩 14–1 气田等尚未开发，南海中建南等 7 个盆地尚未进行系统勘探。

（三）海洋油气开采对海域水质和海洋生物有损害

油田外排生产水中含有的污染物主要是石油类物质、悬浮物和有机物质，其中石油类物质排放量最大。石油类物质进入海洋环境后，在风流和潮流的共同作用下输移扩散，其迁移、转化和归宿的过程非常复杂，在氧化过程中会改变海水的某些化学性质。此外，石油类物质分解需大量耗氧，造成海水水体中溶解氧含量的下降。石油类物质入海后形成油膜，阻隔水气交换和阳光射入水体，导致海水表层叶绿素含量下降。石油类物质会杀死小型藻类，改变浮游植物种群结构，影响浮游植物的生长、繁殖，导致浮游植物数量减少，影响以其为食的浮游动物数量。石油类物质耗氧分解，导致厌氧生物大量繁殖，底栖生物缺氧死亡，破坏海洋生态平衡。石油类物质被海洋生物吸收后，在其体内富集，并通过食物链传递给更高级生物，引起连锁反应。

三、趋势分析

（一）国内油气勘查开采将全面放开

2020 年 1 月，自然资源部宣布将全面放开油气勘查开采，只要在我国境内注册、净资产不低于 3 亿元人民币的内外资公司，均有资格取得油气矿业权。此举意味着油气勘查开采领域不再由国有石油公司专营，将向民营企业和外资企业开放。

（二）保障油气安全成当务之急

这次改革一方面是由于我国油气对外依存度不断上升，另一方面新增探明油气地质储量降至近十年来最低点，保障能源安全成为当务之急。专家表示，放开准入限制有助于积极吸引社会资本加大油气勘探开采力度，但同时也会考验企业的抗风险能力。

（三）真正落实"放开两头，管住中间"

我国油气体制改革思路是"放开两头，管住中间"。"两头"是指上游油气勘探开发和下游炼油化工销售等，"中间"则是指油气运输、储备、接收等。专家表示，之前油气体制改革以下游开放为主，对上游相对谨慎。此次开放石油天然气勘探开采，是真正落实"放开两头，管住中间"的改革思路。2019 年 12 月 9 日，国家石油天然气管网集团有限公司挂牌成立，其主要职责是构建"全国一张网"。业内人士表示，这也标志着"放开两头，管住中间"的油气体制改革初现雏形。

四、对策建议

（一）尽快完善我国深海能源开发战略，务实推进深海能源开发项目

我国目前仍处于深海能源开发的战略机遇期，要积极动员各方力量，完善深海能源开发战略，完善深海能源开发的体制机制，对深海产业的发展、深海能源开发的目标以及实现路径进行系统的、全面的战略和制度设计。在非敏感海域坚持自主开发、合作开发，在敏感海域坚持自主开发、合作开发、共同开发，以自主开发带动合作开发、共同开发，做出统筹安排，逐步推进海域油气资源的勘探开发。要积极参与深海规则的制定，维护国家的深海利

益，保障国家深海空间以及战略资源的安全；推动落实"一带一路"倡议，加大改革开放、对外合作的力度，切实规避深海投资大、作业和工程难度大等风险。

（二）重视深海油气资源开发的基础研究

要高度重视深海油气资源的基础研究，重点在深海油气资源蕴藏区域地质构造以及深海油气资源的成因、特性和分布规律等方面，设立国家专项引导，支持相关研究机构和科研人员进行深入研究。同时，把大规模采样、试开采活动与深海采矿环境影响实验相结合。

（三）加快深海油气资源产业化开发基地建设

一是围绕我国南海北部区域，在海南省或广东省建立相应的深海油气资源产业化开发基地，入驻基地的企业或机构都以深海油气开采为核心，通过产业链横向或纵向"串联"起来。二是可以尝试在我国具备上述"硬件"与"软件"条件的城市建立产业化开发基地。

（四）推动海洋油气产业向智慧发展方式转变

海洋油气产业应积极主动顺应新时代、新形势，推动海洋油气产业与互联网的深度结合，培育新的商业运行模式和发展方式。采用物联网、大数据、人工智能、5G等技术改造海洋油气产业，提升油气生产、储运等全产业链的智能化水平和效率，改变海洋油气生产和销售模式，推动产业转型升级，增强风险研判与防范能力，推动海洋油气发展方式变革，实现海洋油气产业智慧发展。

（五）鼓励海洋油气企业向综合、绿色能源企业转型

海洋油气企业应由单一海洋油气企业向综合、绿色能源企业转变。推进能源革命及绿色低碳清洁能源体系发展是我国新时代能源发展的重要突破点，也是海洋油气产业未来发展的目标所在。

（六）采取具有针对性和可操作性的污染防治及生态保护措施

应在运营期平台或浮式生产设施上设置油气处理设施和水处理设施，处理达标的含油生产水排海或回注地层；甲板冲洗水等其他含油废水通过平台上的开／闭式排放系统，进入原油系统处理；生活污水须经平台及作业船舶上设置的处理设施处理达标后方可排海；机舱含油污水运回陆地交由资质单位处理。钻井液和钻屑的排放应避开所在海域主要经济鱼类产卵期，要采取增殖放流等补偿措施等。

（执笔人：黄超）

3
海洋药物和生物制品业发展情况

一、现状与特点

海洋生物资源总量巨大，约占地球生物总量的 87%，目前已发现的海洋药用资源涉及 20278 种海洋生物，可做药用的海洋生物种类达 1000 余种。与陆地生物相比，海洋生物生境特殊，如高压、高盐、低温、有限的溶解氧、有限的光照或者黑暗、高辐射以及海底热液、冷泉等特殊生境，海洋天然产物结构多样性丰富、活性谱广且强度高，具有更高的类药性。目前，人类已发现了 3.5 万个海洋天然产物，其中一半以上都有生物活性。因此，海洋能提供大量药物先导化合物，海洋生物资源被认为是目前最具新药开发潜力的领域，海洋药物和生物制品业潜力巨大。

（一）产业发展呈快速增长态势，但产业增加值占GOP的比重仍较小

当前，我国海洋药物和生物制品业进入快速成长期，市场需求快速增长。海洋药物和生物制品业增加值逐年增加，从 2010 年的 83.8 亿元增加到 2020 年的 451 亿元，占GOP的比重持续增加，但目前仍低于 0.6%，有极大的发展潜力和空间（图 3-3-1）。

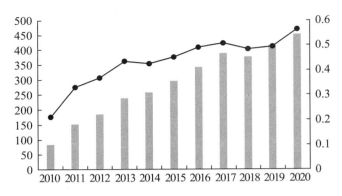

图 3-3-1　2010—2020 年全国海洋药物和生物制品业增加值及其占GOP的比重

数据来源：2010—2018 年数据来源于《中国海洋经济统计年鉴 2019》，2019 年数据来源于《2019 中国海洋经济统计公报》，2020 年数据来源于《2020 中国海洋经济统计公报》

（二）产品种类较为丰富，但海洋新药种类较少

我国海洋药物和生物制品新产品种类逐步增加，产品功能多元化。据不完全统计，我国海洋生物企业生产的海洋药物和生物制品超过 400 种，但海洋药物种类较少，目前我国原创海洋新药仅有两种：藻酸双酯钠（PSS，1985 年获批上市）、甘露特纳胶囊（商品名"九期一"，2019 年有条件获批上市）。另有 3 个国家一类候选新药处于不同的临床研究阶段：抗艾滋病海洋药物泼力沙滋（Ⅱ期临床研究阶段）、抗脑缺血药物D-聚甘酯（Ⅱ期临床研究阶段）、抗动脉粥样硬化药物几丁糖酯（Ⅲ期临床研究阶段）。

（三）龙头企业拳头产品市场占有率高，明星产品技术国际领先

海洋药物和生物制品业领域，青岛明月集团是全球最大的海藻酸盐生产企业，是国内唯一的海藻酸原料药生产单位、国内最大的海藻酸盐医用纤维生产企业，获得了海藻酸盐伤口敷料三类医疗器械、CE、FDA证书，是工信部 2018—2020 制造业单项冠军示范企业。厦门金达威集团股份有限公司是全

球最大的辅酶Q10生产企业，市场占比超过50%，是全球三大维生素D3生产企业之一、全球六大维生素A生产企业之一。

自然资源部第三海洋研究所于2005年成功研制出世界上第一个不含钾、钠、氯离子的高纯硫酸氨基葡萄糖，目前厦门蓝湾科技有限公司依托该技术生产的核心产品"高纯硫酸氨基葡萄糖"在国内氨糖行业中处于领先地位，已获"国家重点新产品"称号，并取得保健食品批文，正在进行药物申报工作。青岛博益特生物材料股份有限公司自主研发的壳聚糖基可吸收止血非织布（术益纱），是目前国内外唯一一项获批应用于临床手术止血用改性海洋功能多糖可吸收手术止血三类医疗器械产品。

（四）产业分布呈现集群化、专业化趋势，江浙粤鲁企业分布较密集

我国海洋药物和生物制品业呈现集群化、专业化趋势，以海洋生物资源开发为主题的产业园或产业基地逐步形成。近年来，我国的海洋生物产业形成了以青岛、上海、厦门、广州为中心的四个重点区域，基本建立了以海洋创新药物、海洋生物医用材料、海洋功能食品、海洋生物农用制品为主的产业体系，市场规模不断扩大。我国海洋药物和生物制品企业目前大多集中分布在江苏、浙江、广东、山东等沿海地区。

（五）研究机构、公共服务平台、海洋生物资源库数量较多，但尚未充分发挥促进产业发展的作用

我国现代海洋药物自1978年全国科学大会上提出"向海洋要药""开发海洋湖沼资源，创建中国蓝色药业"的战略设想后开始起步，先后成立了中国海洋大学、中科院海洋研究所、中科院南海海洋研究所、自然资源部第三海洋研究所、中科院上海药物研究所、中国水产科学研究院黄海水产研究所、中山大学、中国人民解放军第二军医大学、海南大学、北京大学等一批海洋生物研究及药物研发基地。此外，我国还成立了中国药学会海洋药物专业委员会、中国药理学会海洋药物药理委员会等社会组织，青岛海洋科学与技术试点国家实验室海洋药物与生物制品功能实验室、海洋药物教育部重点实验

室等也相继建立。

"十二五""十三五"期间，在国家和地方财政的支持下，珠海、广州、厦门、漳浦、诏安、宁波、青岛、福州、烟台、舟山、湛江、北海、海口、秦皇岛、威海、深圳相继建设了多个海洋药物和生物制品公共服务平台。然而，目前公共服务平台存在诸多问题：一是平台建设同质化现象严重，且集中于技术研发类，能够解决产业化"瓶颈"的中试技术研发平台严重缺乏；二是已建成的平台开放共享机制不健全，导致使用率极低甚至闲置；三是平台未建立有效的市场化运营模式，导致平台维护经费不足；四是平台地域分布不均衡。

我国以采集的海洋药用生物资源、分离获得的化合物为基础，构建了我国首个海洋药用生物资源基础库，为海洋创新药物的研发奠定了独特的资源基础，包括国内首个海洋药用生物资源标本库（涵盖近浅海、深远海标本1500余个）、海洋药用微生物资源库（涵盖各种典型和极端海洋环境5000余株菌种）、国内外首个海洋糖库（包含海洋特征多糖、寡糖及衍生物800个）、海洋小分子化合物库（主要内容为结构性信息，包含化合物2500余个，其中1000个为新化合物）、国家海洋基因库（青岛市政府、西海岸新区管委、深圳华大基因三方共建）。然而，众多的海洋生物资源库并没有通过有效途径共享或投入产业化应用。

二、存在的问题

尽管海洋药物和生物制品业迎来了蓬勃发展的良好势头，但受技术、资金、政策、机制等诸多因素的影响，许多海洋天然产物的潜在药物价值还不为我们所知，产业发展规模仍然较小，且存在诸多问题。

（一）海洋药物与生物制品领域基础研究不足

海洋药物和生物制品业具有知识密集、技术含量高、多学科高度综合互相渗透等特征，其发展主要依赖于产业核心技术进步，而产业核心技术的突破则建立在基础研究之上。因此，基础研究是海洋药物和生物制品业实现"又好又快"发展的重要根基，是实现自主原始创新的重要源泉。当前，我国在海洋药物和生物制品研究领域的活跃度呈不断上升态势，与四个标杆国家（美国、日本、西班牙和英国）的差距不断缩小。然而，我国很多研究成果影响力较低，论文发表量、被引量匹配性（效率指数）与美国、日本、英国和西班牙等发达国家相比仍然存在着较大差距。此外，我国缺少海洋药物和生物制品领域的领军型人才，基层药物研发人员待遇偏低，工作积极性有所欠缺。

（二）海洋生物医药研发、测试、临床等耗时长、花费大、风险高

海洋药物和生物制品研发，尤其是海洋生物医药研发存在耗时长、花费大、风险高的特点，具体表现在以下几个方面：一是临床试验越来越复杂，二是临床试验规模逐渐增大，三是很多药物研究是针对慢性以及退行性疾病，四是在临床试验早期失败率显著增高。目前，一个新药成功研发上市，一般需要10—15年，所需资金高达26亿美元。

（三）海洋药物和生物制品业"产学研"结合不紧密

海洋药物和生物制品业"产学研"结合不紧密，主要表现在两个方面：一是高校、科研院所等研究性机构与企业之间的联系不够顺畅和高效，科研成果不能及时转化为市场产品；二是高校、科研院所研究领域与企业实际需求脱节，不能有效对接企业需求。产生这种现象的主要原因在于现行的科研人员评估激励机制。高校、科研院所偏向于研究前沿、热点等课题，尤其关注那些能够较快发表高影响因子论文的研究领域，而海洋药物和生物制品产业化过程中因商业性保密而导致论文数量较少，研究人员晋升之路受到现行论文评价机制的束缚，从而较难调动科研人员参与产业化的积极性，所以现行评价机制亟待被多元化的新评价机制所替代，从而调动研究人员积极性。

（四）政策扶持力度不足，产业融资困难

尽管"十二五""十三五"全国海洋经济发展规划中都明确提出要推进海洋药物和生物制品业的发展，但是目前我国尚缺少国家层面的海洋药物和生物制品业专项规划、行动计划等，地方层面也只是青岛市人民政府出台了《关于支持"蓝色药库"开发计划的实施意见》，导致"十二五""十三五"的要求无法落地。与美国吸引大量社会资本参与海洋药物和生物制品产业发展的成功经验相比，我国对海洋药物和生物制品业的财政支持不足，没有充分发挥对社会资本的引导作用，尚未建立完善的风险投资介入机制，产业融资存在困难。

三、趋势分析

随着国家对海洋资源开发的日益重视，特别是对海洋生物技术支持力度的加大，我国海洋生物技术和海洋药物的研究开发能力和产业的国际竞争力将不断增强。近些年发布的政策表明，国家将重点支持具有自主知识产权、市场前景广阔的海洋创新药物，开发具有民族特色用法的现代海洋中药产品，研制绿色、安全、高效的新型海洋生物功能制品，构建海洋药物和生物制品中高端产业链。未来，海洋药物和生物制品企业与政府的协作将逐步加强，政府在资金扶持、人才培养以及行业发展引导等方面将会做出更多的努力，企业在创新能力培养上预计也将加大投入，通过有效途径缩短研发周期并加快产品的产业化发展。

四、对策建议

（一）实施"蓝色药库"计划，继续推进"深海生物资源计划"

实施"蓝色药库"计划，提高海洋药物和生物制品资源的规模化开发利

用水平。支持抗菌、抗病毒、抗肿瘤等海洋创新药物的研发，重点推进海洋生物医用功能材料、海洋功能性食品、海洋生物制品、新型海洋生物原料和海洋现代中药等的研发和产业化。继续推进"深海生物资源计划"，加快推进深海生物及基因资源规模化开发，建设国家深海基因库、深海天然产物库和深海病毒库，开展深海生物资源开发产业化应用示范。

（二）夯实基础研究，建立拥有自主知识产权的海洋药物和生物制品技术体系

瞄准生命科学发展的前沿领域以及战略性海洋生命资源研究的关键科学技术问题，凝练形成具有基础性、前瞻性和战略性的研究方向，整体提升我国以海洋药物和生物制品产业为主体的海洋生物资源综合利用的研发能力与水平。加强国际科研合作，鼓励高校、科研院所、企业在更大范围、更高层次上参与国际分工与合作。加大产品创新力度，开发研制新型具有自主知识产权的海洋药物和生物制品产品，在科技创新的基础上，建立拥有自主知识产权的海洋药物和生物制品技术体系，以加速我国海洋药物和生物制品业的发展步伐。

（三）打造特色海洋药物和生物制品产业园区，培育壮大具有自主研发能力的创新型中小企业

制定科学统一的海洋药物和生物制品产业发展行动计划，明确各产业园区的发展特色，保证其错位发展，以此促进产业形成集聚效应及规模效应。在沿海省市形成多个海洋药物和生物制品产业园区的集群效果，产业上下游通过集聚效应实现企业间的联动，降低成本，提高生产效率。大力提升上海、青岛、厦门、广州海洋生物技术和海洋药物研发能力，引进先进的生产工艺技术，培育和壮大具有自主研发能力的创新型中小企业。加大对优势产品和重要产品的投入，加快海洋药物与生物制品产业化进程，提高产品核心竞争力和国际市场占有率。

（四）构建全产业链体系，促进产业高效有序发展

引进并培育CRO、CSO、CMO企业，提升药物研发、销售、生产第三方服务水平，构建完整的海洋药物和生物制品产业链体系。以海洋药物和生物制品重点龙头企业为核心，积极推进产业链上下游企业以及高校和科研院所的联系与合作，聚焦产业链建设推进企业"组团式"创新与发展。支持和推动海洋药物和生物制品骨干企业，通过市场化并购投资等方式，兼并收购产业链上下游企业，培育行业龙头企业，推进产业链高效运转。

（五）科研要以市场为导向，推动"产学研"更加紧密地结合，打造"产学研"协作体

科研产品课题在立项时不应仅仅以技术为导向，而要更多地考虑市场因素，只有紧贴市场需求的科技成果项目，才越容易打开销路，才能更容易得到投资方的青睐和相关企业的资金支持，提高科研成果转化速度和比率。高校、科研院所可针对企业的市场需求提供"订单式"技术服务，针对医药企业的优势领域和实际消费需求，提供相应生物技术研发主导下的技术转移转化、成果成熟化以及咨询服务等。此外，对科研院所、高校从事海洋药物和生物制品研发的科研人员进行专业技术职称评定改革，改变"唯论文论英雄"的现状。

（六）在政策上予以支持，打造良好的海洋药物和生物制品产业发展外部环境

鉴于海洋药物和生物制品越来越广泛的应用及巨大潜力，建议加强财政奖补、税费优惠、贷款贴息、保费补贴等政策供给，减轻企业资金压力，提高对行业优质企业的支持力度。采用政府引导基金形式，鼓励并引导社会上更多的风险资本投入。鼓励海洋药物和生物制品产业基金参与投放，推动各种风投基金、天使基金以及股权投资基金等民间金融资本发挥产业"助推器"的作用，打造多层次的、功能较为齐全的产业投融资体系。

（七）大力培养海洋药物和生物制品领域复合型人才，制定有吸引力的国内外人才引进政策

建立多元化的新型评价激励机制，加大对海洋药物和生物制品领域人才的各项保障，以国际水平的产业创新平台，吸纳、汇聚、培养国内外优秀人才，打造颇具国际竞争力的国家级优秀创新团队；完善高层次创新人才培养体系，培育该领域的高层次创新人才；打造国内外学术及产业合作与交流、创新人才培养的重要基地。

（执笔人：郑艳）

4

海洋电力业发展情况

一、现状与特点

2020 年，新冠肺炎疫情没有阻止我国海上风电产业快速发展的步伐，全年新增并网容量较去年增长了一半。截至年底，海上风电累计并网容量位居世界第二，已远超《风电发展"十三五"规划》的目标。海上风电在发电、施工、安装运维等方面的技术再上新台阶，开发市场首次实现对外开放。海洋能产业化进程进入稳定发展阶段。全年海洋电力增加值 237 亿元，同比增速 16.2%。

（一）海上风电迈入快速增长期

"十三五"以来，我国海上风电场的建设表现为高速增长，截至 2020 年底，全国海上风电累计并网装机 899 万千瓦，占全球 25.7%，居世界第二，仅次于英国。从海上风电新增吊装装机容量指标来看（图 3-4-1），2019 年，新增装机 588 台，新增装机容量达到 249 万千瓦，2016—2019 年同比增速分别为 64.0%、96.6%、49.9%、42.2%（图 3-4-2）；从海上风电累计吊装装机容量指标来看（图 3-4-1），截至 2019 年底，累计装机容量达到 703 万千瓦，2016—2019 年同比增速分别为 57.2%、71.5%、62.5%、55.0%（图 3-4-2）。

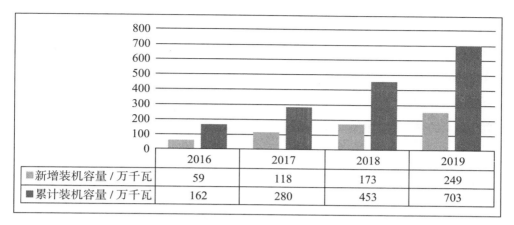

图 3-4-1　2016—2019 年我国海上风电新增装机容量和累计装机容量[1]

数据来源：《中国风电产业地图 2019》

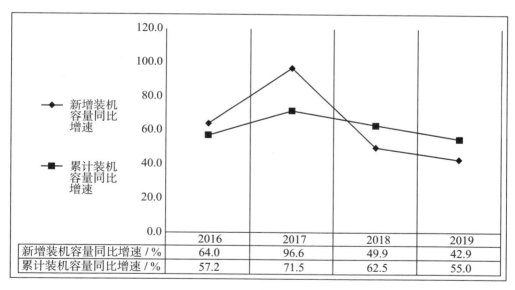

图 3-4-2　2016—2019 年我国海上风电装机容量同比增速

数据来源：公开资料整理

---

[1] 2018 年增加天津南港海上风电项目 9 万千瓦，累计装机容量为 453.5 万千瓦。

（二）海洋能开发利用产业化进程持续推进

2020 年，我国海洋能开发利用项目顺利实施，产业化进程稳步推进。截至 2020 年底，LHD海洋潮流能发电站已实现连续并网发电 43 个月，向国家电网送电量超 200 万千瓦时，连续运行时间保持全球第一。潮汐能新增发电量约 700 万千瓦时。国内首台 500 千瓦波浪能装置"舟山号"已在南海开展海试。

（三）海上风电场主要分布在苏粤闽

2019 年，我国海上风电新增装机分布在江苏、广东、福建、辽宁、河北、浙江和上海 7 省（市）；其中，江苏新增海上风电装机容量达 160 万千瓦，占全国新增装机容量的 64%，其次分别为广东 14%、福建 8%、辽宁 6%、河北 5%、浙江 3%。

截至 2019 年底，江苏省海上风电累计装机容量突破 472.5 万千瓦，占全部海上风电累计装机容量的 67%；其次为福建，占比达到 7.0%；广东占比为 6.5%，上海占比 5.9%，河北占比 4.2%，其余 4 省累计装机容量占比合计约为 9.2%。

表 3-4-1　2015—2019 年沿海各省（市）新增海上风电装机容量

单位：万千瓦

省（市）	2016	2017	2018	2019
江苏	49.1	96.8	95.8	159.6
上海	10.1		10.0	1.2
福建		6.5	15.3	20.1
广东		4.5	7.1	34.1
浙江		4.4	15.6	6.5
河北		3.6	12.4	13.2
天津			9.0	
山东				

（续表）

省（市）	2016	2017	2018	2019
辽宁		0.6	9.2	14.7
总计	59.2	116.4	174.5	249.4

数据来源：中国可再生能源学会风能委员会

（四）海洋电力业技术不断进步

一是海上风电大容量单机占比逐渐增加，6 MW 以上累计吊装装机容量占比由 2016 年的 1.8% 到 2019 年的 6%；二是海上风机国产化率不断提高，可以达到 90% 以上，除主轴承由于精度原因仍需依赖进口以外，其他部件均自主制造；三是海洋能开发利用技术研发持续推进，研建了多个百千瓦级潮流能机组，基本掌握了自主创新的波浪能发电及装备制造等关键技术，在偏远海岛应用领域处于国际先进水平，研建了 10—30 千瓦温差能发电试验装置。

二、存在的问题

（一）海上风电存在的问题

我国海上风电的发展最突出障碍仍表现为经济性欠佳。技术创新不足、运行经验缺乏、不可预知的潜在风险，种种因素都制约了我国海上风电进一步降低成本。

1. 技术研发能力有待提升

我国海上风电起步较晚，与国外 20 年的发展历史相比，技术储备不足、研发能力相对薄弱。国内整机制造商并不掌握一些核心零部件、核心技术，尤其是大功率海上风电机组的核心技术，加之供应链体系尚未成熟，这在一定程度上制约我国海上风电的大规模发展。目前我国的海上风电项目还主要分布在潮间带和近海，平均水深在 9 米左右，欧洲的海上风电项目已逐步向深远海布局，平均水深已经达到 30 米。同时我国海上风电机组的单机容量也与欧洲国家有一定的差距，我国海上风电机组的单机容量还主要是 4 MW— 5 MW，欧洲在建的海上风电场大多使用 6 MW 及以上的大容量机组。国内海上风电整机制造商并不掌握核心技术，部分核心部件产业基础薄弱，尤其是大功率海上风电机组。在大型海上风电设备制造、海上工程施工设备制造、离岸变电站、海底电缆输电等方面都有待加强，储能上网、运维管理和港口码头服务等方面较为薄弱，延伸产业中检测认证、融资、租赁与保险等方面则刚刚起步。

2. 海上风电产业成本仍然较高，实现零补贴难度较大

随着风电技术的提升，成本呈现下降趋势，未来风电电价面临下调的压力，平价上网、去补贴成为风电发展的必然趋势。但海上风电不同于陆上风电，整机、安装、运维都有更高的技术要求，成本是陆上风电成本的 1.5—2 倍。因此，与陆上风电相比，海上风电实现零补贴的进程更加缓慢。

3. 国内海上风电机组安装专用船的短缺

目前，我国海上风电专业船舶处于起步阶段，亟须发展。海上风电安装船是高度精密的海上设施，能将风机和基础安装设备运输至风电场址，并配备适合各种安装方法的起重设备和定位设备。随着风机的大型化，起重高度和起重能力的要求提高，海上风机安装的专用船舶需求增长。专用船的短缺是导致海上风电场开发成本高昂的关键因素之一。

4. 海上风电产业标准体系及认证体系仍有待完善

与陆上风电相比，海上风电面临更加复杂的环境，往往选择大容量的兆瓦级风电机组，更大型的风电机组存在很多技术难题，因此对其标准和认证提出了更高要求。一是标准制定严重滞后。国内台风、载荷及测试等相关风电机组技术标准制定较早，参数设置不符合现在风电行业实际发展情况。而部分企业采用的国际标准不符合国内的基础条件，适用性较差。二是风机装备认证困难。风机装备在出厂前需要进行检测认证。当前进驻我国的国际测试认证公司较多，而国内检测认证公司较少，认证成本较高，同时国内认证国外不认可，导致风机出口受阻。

（二）海洋能开发利用存在的问题

我国海洋能产业总体储备不足，缺乏核心技术，有关设备制造能力和生产能力与国际先进水平存在一定差距。

1. 政策激励不够，无法吸引企业积极投入海洋能

我国海洋能产业正处于起步阶段向成长阶段过渡的关键时期，海洋能技术改进与工程示范仍面临着较高的风险和较大的资金需求缺口，需要海洋能产业发展资金项目等国家财政资金的持续支持。海洋能发电成本仍然较高，上网电价等激励性政策对于推动海洋能电站建设及运行至关重要。

2. 产业链技术创新体系不健全

目前我国海洋能产业链结构不完善，从事技术研发的比重偏大，而装备制造、配套设备、海上施工、并网等环节的从业单位数量较少。例如海洋能装置所用的非标部件制造加工、专用电机研制等环节的缺失，一定程度上制约了我国海洋能产业化发展进程。

3. 公共服务平台尚不足以满足海洋能发电装备技术试验及验证需求

目前，我国海洋能发电装备技术在机组可用率、可靠性、稳定性等方面与国际先进水平仍存在一定差距。海洋能装备技术的长期运行测试对于技术提升及产品定型至关重要，为解决实海况试验的用海难、成本高、风险大等难题，亟须加快建设以海上试验场为核心的海洋能公共服务平台。

三、趋势分析

（一）海上风电补贴退坡已成定局

2020 年 1 月，财政部、发展改革委、国家能源局联合印发的《关于促进非水可再生能源发电健康发展的若干意见》中明确提出，海上风电中央财政补贴将于 2022 年全面退出。

这一政策定调了"十四五"时期海上风电产业发展的大主旋律——"平

价"。"十三五"之前，我们有中央财政补贴，整个产业链能轻松盈利，所以从设备质量和技术水平到风电场设计、建设和运行，其实都是很粗放的。但是"十四五"走向"平价"之后，如果还是粗放地去制造、开发、建设和运行，必然面临着亏损的风险。所以"十四五"时期是看本事吃饭的时代，对整个行业上下游企业提出了更高要求，只有更精细化的管理、更精细化的开发、更精细化的制造，行业才能走得更稳更远。

（二）深远海域开发是未来的发展方向

一般认为，离岸距离达到 50 千米或水深达到 50 米的风电场即可称为深海风电场。与近海相比，深海环境更加恶劣，对风机基础、海底电缆、海上平台集成等技术提出了更严苛的要求。即便如此，海上风电场的开发必然逐步走向深远海已是业界共识。

在发展深海风电方面，欧洲走在了世界前列，世界上首个着床式深海风电场和首个漂浮式深海风电场分别在苏格兰和挪威建成运行。目前，国外最深的漂浮式试验风场Kincardine水深已达到 77 米；2018 年，欧洲在建海上风场平均离岸距离 33 千米，最远离岸距离 103 千米；德国Sandbank和DanTysk海上风电场建设的HelWinBeta高压直流换流站，最大输送容量 69 万千瓦，离岸 160 千米。

相比国外，我国深海海上风电建设相对滞后。预计到 2020 年后，我国海上风电平台的水深将超过 50 米，离岸距离将超过 30 千米，基地式集中连片开发将成为我国海上风电的主流开发模式。我国目前浮式风机的研究还在起步阶段，对浮式风机基础理论研究投入较少，最前沿的研究仍然处于示范项目建设阶段，还有较长的一段路要走。

（三）海洋综合能源开发是趋势

"十四五"期间，"海上风电＋海洋牧场""波浪能＋渔业平台"等创新模式将实现新能源产业和现代高效农业的跨界融合发展，实现双赢升级。以德国、荷兰、比利时、挪威等为代表的欧洲国家早在 2000 年就实施了海上风电和海水养殖结合的试点研究，其原理是将鱼类养殖网箱、贝藻养殖筏架固定在风机基础之上，以达到集约用海的目的。而我国尚未有"海洋牧场"与海上风电融合发展的成熟案例，目前只有山东省提出"探索'海洋牧场'与海上风电融合发展"的试点方案。

四、对策建议

（一）关于海上风电发展的对策建议

1. 推进海上风电规模化集约化开发

在"十四五"期间强化对海上风电的顶层设计，支持东部沿海地区加快形成海上风电统一规划、集中连片、规模化滚动开发态势；聚焦"新基建"，加快江苏、广东等现有海上风电基地建设，并推动海上风电逐渐向深海、远海方向发展。

2. 加强自主研发能力

聚焦"卡脖子"问题，在政策上继续鼓励龙头企业以产学研用一体化模式，加快IGBT、主轴承、国产化控制系统、高压直流海底电缆等核心技术部件研发，提高装备国产化率；加强"大云物移智"、区块链、5G等数字信息技术的推广运用，推进无人值守、远程集控、智能诊断等智能运维新模式新业态，形成发展新动能。

3. 鼓励地方政府接力补贴

发展海上风电对地方经济发展的带动作用大，对地方经济社会发展、优化能源结构、提高能源自给率具有积极意义，而且广东、江苏、浙江、福建等沿海省份，既是负荷中心，财政实力也强，补贴负担相对较轻。对广东和江苏而言，如果每年新增并网容量为100万千瓦，2022—2025年，两省每年各自需要补贴6亿元、10.5亿元、13.5亿元和15亿元。相比两省2018年度12102.9亿元、8630.2亿元的财政收入，补贴微不足道。每年拉动的固定资产投资均在150亿元以上，还可以带来长久税收。此外，还能有效支撑两省已建成及规划好的海上风电装备制造基地，运维母港等配套产业的健康持续发展。地方政府高瞻远瞩，接力补贴，将为海上风电发展营造稳定的政策环境，助力其尽快走完关键成长期，在 2025 年实现平价，成为地方经济社会发展的新引擎。

4. 建立我国可再生能源配额＋绿色证书制度

补贴退坡后，海上风电产业将面临巨大的成本压力。可以将现行固定电价补贴机制调整为可再生能源配额＋绿色证书制度，通过市场化方式分摊新能源发展成本。配额制和绿证交易制度通过市场机制补偿可再生能源发电项目的环境效益，推动可再生能源企业参与市场交易。要加快施工装备及工艺、重要电气设备的国产化，进一步降低海上风电项目造价及成本，提高运营效率和效益，推动海上风电产业的发展。

5. 推动海上风电走向深远海域，加大浮式海上风电技术研发力度

加大对浮式风机基础理论的研究投入，在电力系统设计单位与海洋工程设计单位之间探索建立一个行之有效的沟通合作的桥梁，使研发工作更加顺畅。示范项目论证先期应提前规划，避免急于求成。从世界经验来看，鼓励传统能源企业向海上风电领域转型探索，利用已有的海洋油气开采装备技术突破浮式风电技术是很好的途径。

6. 加快毗连区、专属经济区风电开发政策研究

深远海域开发亟须政策明确。走进深远海区域，海上风电将进入全新的领域，即进入毗连区、专属经济区。而不同省份深远海的特点差异很大，以江苏和浙江为例，江苏达到 50 米水深，已经到了离海岸线 200 千米的区域，也就是项目基本在毗连区。而浙江距海岸线 60－70 千米就已经达到 50 米水深。因此，浙江海上风电项目进入毗连区，基本上就进入了深水项目的开发，其与江苏面临的挑战不同。现行《中华人民共和国海域使用管理法》是针对内水和领海，目前我国对毗连区和专属经济区尚没有明确的海上风电政策。因此，相关部门应尽快发布毗连区、专属经济区风电开发的政策文件，以便各省开展深远海前期工作。

7. 拓展海上风电产业链，推动"海上风电＋"新模式的发展

积极探索"海上风电＋海洋牧场"等跨界融合发展新模式，利用海上风

机的稳固性，将牧场平台、休闲垂钓、海上救助平台、智能化网箱、贝类筏架、海珍品礁、集鱼礁、产卵礁等与风机基础融合，不仅可以降低牧场运维成本，还可提高生物养殖容量，从而实现"海上粮仓＋蓝色能源"的综合海洋开发模式，打造"海上风电功能圈"的融合发展新模式可拉长产业链，实现产业多元化拓展。

（二）关于海洋能开发利用的对策建议

1. 强化政策引导和激励

推动海洋能纳入国家可再生能源产业激励政策体系，加快制定海洋能上网电价激励政策，探索海洋能电站试行上网电价单独审批。继续实施海洋能产业发展资金项目。落实海洋能电站用地用海政策。鼓励地方政府出台电价补贴政策。推动商业性金融对海洋能电站建设提供信贷优惠支持。鼓励企业以股权融资等方式建设海洋能项目。争取财政资金给予海洋能电站的运行维护适当补助。

2. 优化产业技术创新体系

推进海洋能科技成果转化机制和平台建设，充分发挥企业的技术创新主体地位，引导各类创新要素加快向企业集聚，鼓励企业建设海洋能技术研发中心，在海洋能发电装置研发设计、新材料、专用电机、增材制造等环节培育海洋能专业化企业。联合具有创新优势的高校、科研院所和企业，推进创建国家和省部级海洋能技术创新中心。

3. 加快建立完善海洋能试验场，推动国家海洋能装备检测中心建设

建立覆盖北海、东海、南海的海洋能试验场，建设完善海洋能室内实验平台，初步形成由海上和室内设施组成的布局合理、功能完善、技术先进的海洋能试验场，具备业务化运行能力。推动海洋能装备机械载荷、功率特性、电能质量、并网检测以及关键部件的可靠性、环境适应性等检测技术体系建设，加快推进海洋能装备检测的资质认证认可，促进海洋能装备检测认证的国际互认。

（执笔人：黄超）

5
海水淡化与综合利用业发展情况

一、现状与特点

我国人均淡水资源短缺，沿海地区经济发达但人均水资源占有量却远远落后于经济发展的步伐，人均淡水资源短缺阻碍了沿海各地区高质量发展的步伐。我国 11 个沿海省（区、市）的地区生产总值之和占国内生产总值的近53%，但是水资源量只占 27%。如图 3-5-1 所示，11 个沿海省（区、市）中仅有广西、福建、浙江和海南 4 省（区）人均水资源量高于全国平均水平，其余地区均属于严重缺水地区，可见沿海地区人均水资源短缺问题亟待解决。

海水是重要的资源，海水利用是解决我国沿海地区水资源短缺的重要途径，是沿海地区水资源的重要补充和战略储备，因此海水利用作为国家海洋战略性新兴产业越来越得到国家的重视。海水利用主要包括海水淡化、海水直接利用和海水化学资源利用。我国采用海水替代工业冷却水较早，但海水利用真正作为高新技术产业蓬勃兴起并形成一定规模却是在进入新世纪以后。国家和沿海地方政府对海水利用的政策支持力度不断加大，有力地推动了海水利用技术进步和产业迅速发展。

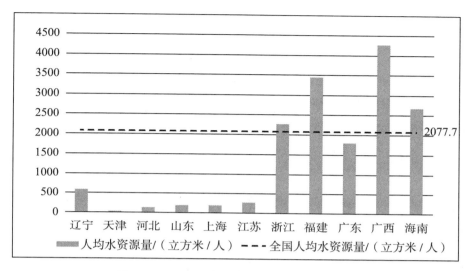

图 3-5-1 2019 年沿海地区人均水资源量
数据来源：《中国统计年鉴 2020》

（一）海水淡化与综合利用业规模不断增长

"十三五"规划实施以来，我国海水淡化与综合利用业呈稳步上升的态势。面对新冠肺炎疫情肆虐的不利影响，2020 年，海水淡化与综合利用业仍实现增加值 19 亿元，同比增长 3.3%，与 2015 年相比名义增长 41.3%。海水淡化方面，截至 2019 年底，全国建成海水淡化工程总规模达到 157.4 万吨/日，与 2015 年相比新增海水淡化工程产水规模 56.5 万吨/日。如图 3-5-2 所示，海水淡化产水规模呈现出平稳增长的趋势。海水的直接利用方面，随着沿海产业结构调整的深入和经济的快速发展，沿海火电、核电、钢铁、石化等行业海水冷却用水量稳步增长。截至 2019 年底，年利用海水冷却用水量为 1486.1 亿吨，与 2015 年相比增长近 360 亿吨。

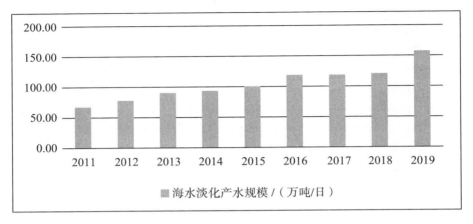

图 3-5-2 2011—2019 年我国海水淡化产水规模
数据来源：全国海水利用报告 2012—2020

（二）海水利用技术日趋成熟

我国海水利用技术不断实现新突破，推动我国海水淡化与综合利用业的产业化进程不断加快。在海水淡化技术方面，我国已掌握反渗透和低温多效海水淡化技术，形成了具有自主知识产权的万吨级海水淡化技术，部分技术达到或接近国际先进水平。2020 年，多项海水淡化项目成功获批和完成验收。国家发展改革委 2020 年生态文明建设专项中央基建投资项目"海水淡化能量回收及高压泵产品定型及产业化项目"、工信部高技术船舶专项项目"温差能开发与深层海水综合利用平台技术研究"、科技部"科技助力经济 2020"重点专项项目"便携式反渗透应急净水装置系列化研发与应用示范"和"海水淡化水处理药剂绿色生产技术与应用"等项目获批。"全膜法（UF＋NF／RO）海水利用成套装备开发与工程推广应用""海水冷却塔塔芯构件产业化"等项目，实现了超滤、纳滤及反渗透膜在海水综合利用领域 100 万平方米的应用规模，形成了 5000 吨／年海水冷却塔塔芯构件加工制造能力。国家能源集团"海水淡化用高效蒸汽热压缩器（TVC）优化设计与工程应用"项目顺利通过中国电机工程学会技术鉴定，攻克了海水淡化用 TVC 的核心设计技术，提升了我国 TVC 的设计水平，增强了我国海水淡化装备的整体竞争力。

（三）海水淡化产水成本不断降低

海水淡化产水成本主要由投资成本、运行维护成本和能源消耗成本构成。海水淡化相关技术的不断革新，也推动了"十三五"期间海水淡化产水成本不断降低。2015 年，海水淡化产水成本主要集中在 5—8 元 / 吨，远高于市政供水价格。随着技术的持续进步、工程规模的陆续扩大和运行水平的不断提高，海水淡化产水成本有所下降。2019 年，最低已降至 4.25 元 / 吨，逐渐逼近市政供水价格。

（四）海水淡化与综合利用工程项目有序推进

"十三五"以来，海水淡化与综合利用项目建设高标准高质量推进。在海水淡化工程方面，"十三五"期间，"自然资源部天津临港海水淡化与综合利用示范基地"一期工程建成完工；浙江舟山绿色石化基地海水淡化工程、曹妃甸首钢京唐钢铁 3.5 万吨 / 日低温多效海水淡化工程、大连长兴岛恒力石化 4.5 万吨 / 日低温多效海水淡化工程相继建设完成；山东钢铁集团日照精品基地 2 万吨 / 天海水淡化项目成功调试出水。海岛地区建成六横岛 2 万吨 / 日海水淡化工程、永兴岛建成 1000 吨 / 日海水淡化工程，以及山东大钦岛、小钦岛海水淡化装置、江苏福建小嵛岛太阳能风能海水淡化装置、海南赵述岛风光互补海水淡化装置、南海岛礁系列海水淡化工程等。在海水综合利用方面，天津、河北等地积极开展海水淡化后浓海水综合利用工作。2017 年 4 月，5 万吨 / 日海水淡化与浓盐水综合利用示范工程项目在河北沧州开工建设。在海水卤水化学资源提取及高值化产品开发方面，1000 吨 / 年（浓）海水提溴高效低能耗产业化示范工程、15000 吨 / 年光卤石连续结晶纯化示范工程和 5000 吨 / 年食品级氯化钾示范工程在天津汉沽建设完成并实现稳定运行，50000 吨 / 年球形盐示范生产线和 500 吨 / 年连续水热制备氢氧化镁阻燃剂中试线主体工程已建设完毕。

（五）多项海水淡化支持政策陆续出台

"十三五"以来，国家和沿海地方政府出台多项支持海水淡化与综合利用业发展政策。2016 年 12 月，发展改革委和原国家海洋局共同印发了《全国海水利用"十三五"规划》，统筹部署"十三五"期间我国海水利用发展目标、重点任务，从总体要求、扩大海水利用应用规模、提升海水利用创新能力、健全综合协调管理机制、推动海水利用开放发展、强化规划实施保障六个方面为"十三五"期间海水淡化与综合利用业发展指明了方向。青岛市采取"由水务集团统一管理""降低用电成本"等扶持政策促进海水淡化应用，"十三五"以来相继出台《青岛市海水淡化项目运营财政补助办法》《青岛市海水淡化产业发展规划》等。天津市给予北疆电厂海水淡化工程"提高上网电价"扶持政策，2018 年编制出台《天津市淡化海水利用政策方案》。浙江省实行"建设补助""产水补贴""优惠电价"等扶持政策保障海水淡化发展，2018 年 3 月，浙江省发改委和省海洋渔业局联合印发了《浙江海岛海水淡化工程实施方案》。

2020 年，为应对新冠肺炎疫情的影响，国家和沿海地方相继制定产业发展意见以及出台供水补贴、财政奖励和用电优惠等政策，鼓励促进海水淡化与综合利用业稳步发展。国家发展改革委等多部门联合出台了《关于营造更好发展环境　支持民营节能环保企业健康发展的实施意见》，鼓励引导民营企业参与海水（苦咸水）淡化及综合利用等节能环保重大工程建设；山东潍坊出台了根据海水淡化项目产能和综合利用水平，统筹使用省级奖补资金，对符合条件的项目给予一次性奖励的政策措施；天津港保税区管委会提出对于海水淡化保障供水需求的项目，将按年实际供水量给予每吨 1 元、单个项目补贴额最高不超过 100 万元 / 年的补贴；江苏省出台了关于推进绿色产业发展的意见，提出对实行两部制电价的海水淡化用电，免收需量（容量）电费。

（六）海水淡化与综合利用领域对外合作不断拓展

"十三五"以来，海水淡化与综合利用国际合作成效斐然。海水淡化上市公司巴安水务收购美国DHT公司 100%股权。海水淡化企业签订多份海外海水淡化工程装备合同，包括巴基斯坦卡西姆港电 1.7 万吨 / 日反渗透海水淡化项目、印度尼西亚加里曼丹省海水淡化项目、越南永新燃煤电厂一期BOT配套14.4 万吨 / 日海水淡化项目、沙特阿拉伯延布发电和海水淡化联合厂项目Ⅲ期工程、神华国华印尼爪哇燃煤发电工程 2×4000 吨 / 日海水淡化装置、恒逸（文莱）PMB石油化工项目配套 3×1.25 万吨 / 日低温多效海水淡化装置以及佛得角、文莱海水淡化装置等，发挥了我国在海水淡化项目管理、工程施工、成套装备加工等方面技术和成本优势，推进海水淡化自主技术和装备走出国门、服务"一带一路"倡议。

二、存在的问题

虽然我国海水淡化与综合利用起步较早，且是世界上少数几个掌握海水淡化先进技术的国家之一，但是存在规模小、发展慢、市场竞争力不强等问题，造成这些问题的主要原因如下。

（一）对海水淡化与综合利用业重要性认识不足

长期以来，我国对海水淡化战略性和全局性作用估计不足，只是将其作为非常规水源之一，并没有将利用海水作为优化沿海地区水资源结构的重要措施，未能真正将其作为主要的增量水源纳入水资源配置体系。另外，我国有关海水利用的立法研究相对滞后。我国现行的《水法》中并没有将"海水"列入水资源范畴，"水资源规划"以及"水资源配置和节约使用"中未明确规定关于海水资源的规划和配置，同时也没有明确规定个人和单位利用海水的责任和义务，因此有关海水资源开发、利用、保护和管理的相关政策的推进缺乏法律保障。同时，我国海水利用业发展的相关配套政策不完善。此外，海水淡化与综合利用业发展资金保障不足，未将海水淡化纳入政府补贴配置范畴；相关税收优惠政策力度不够，措施不具体，可操作性差；海水淡化工程投资、水价补贴等政策还有待完善。

（二）推进海水淡化与综合利用业规模化发展激励政策不足

海水淡化供水的公益性特性决定了其需要依靠政府主导。国外通过采用政府部门负责海水淡化厂的规划、招标，对淡化水实行统购统销，对进入市政供水系统的海水淡化水进行福利补贴。而我国关于海水淡化出台的政策多为鼓励性和宏观指导性政策，缺乏可操作的激励措施，如缺乏类似自来水、公益性水利工程等具体扶持、鼓励政策措施。虽然一些地方政府对海水淡化项目在用电、售电价格方面采取了一定的补贴，但补贴力度小，相比于有政府补贴及其他优惠政策支持的自来水水价来说，海水淡化水成本依然偏高，这就导致淡化水生产企业出现"成本倒挂"现象，也使得海水淡化产能无法得到全部应用。另外，海水作为大生活用水相关成套技术已较为成熟，但在推广应用方面，目前许多沿海城市、海岛等区域并没有明确的大生活用海水利用规划，同时国家和地方也没有专项配套资金或优惠鼓励政策，导致该项技术的示范推广存在较大困难。

（三）自主创新能力和产业化水平需要进一步提升

近年来，我国在海水淡化装备和技术领域取得了一些突破，但自主核心关键技术装备还不够成熟，设备国产化率仍然偏低。目前，全国已投建的海水淡化工程特别是万吨级以上工程中，多数采用国外公司技术，反渗透海水淡化的核心材料和关键设备，如海水膜组器、能量回收装置、高压泵及一些化工原材料等主要依赖进口。虽然我国海水淡化相关研发产品性能可达到国外先进水平，但要被用户认可并接受，仍需要有一个过程，如国内自主生产的反渗透膜、海水高压泵、能量回收装置、蒸汽热压缩器等海水淡化关键设备及材料，由于缺乏大型工程化验证与应用经验，无法与国外公司竞争。国产海水高压泵已研制成功并实现万吨级海水淡化工程应用，但产品效率不高、稳定性不足，存在流量扬程衰减现象；国产能量回收装置已开发出样机并得到工程实验性应用，但效率偏低且形式单一、设备笨重、稳定性差。在多效蒸馏方面，国产喷气射泵已应用于万吨级工程，但调控范围和效率仍低于国际先进水平。而且，国内自主海水淡化与综合利用技术和装备单机规模均还较小，缺乏大型海水淡化与综合利用工程的系统集成能力和大型工程化技术，还未形成海水淡化与综合利用装备制造以及具有国际竞争力的专业化企业集群，缺乏引领产业规模化发展的龙头企业。此外，海水淡化与核能、海洋能、风能、太阳能等可再生能源相耦合的技术尚处于起步阶段，仍需要不断完善。

（四）海水淡化对海洋环境的影响尚未得到重视

海水淡化过程中，存在着化学药剂、盐度和热污染等三方面的影响。第一，目前海水淡化技术水的回收率还不高，50%—70%的海水经过浓缩后被直接排入海洋。海水淡化需要进行杀菌、脱碳、加缓蚀剂、加阻垢剂等工艺，残留的化学药剂直接影响着海洋环境。第二，海水淡化后浓盐水排放的盐度通常是天然海水的两倍左右。浓盐水的排放增加了海洋的盐度，尤其对于半封闭的近岸海域而言，由于其海水更新速度较慢，随着时间增加，近岸海域盐度上升，从而严重威胁着海洋生物。第三，海水淡化的冷却水系统排放的海水具有一定的热量，可能导致海水温度升高引起水华现象，对于海洋环境来说，造成了热污染。但由于我国海水淡化技术的不成熟、海水淡化规模偏小、管理制度的不健全等原因，海水淡化对海洋生态环境的影响一直未得到重视和有效处理。

三、趋势分析

（一）水资源形势日益严峻，海水利用市场前景广阔

随着经济社会的发展和人口数量的增长，加之地球生态环境日趋恶化，淡水资源形势日益严峻，给经济社会的发展和人民的生活带来巨大威胁。我国每年缺水量为300亿—400亿立方米，因缺水造成的经济损失在2000亿元以上。事实上，我们并不缺少水，只是缺少淡水。地球表面的约70%被海水覆盖，随着海水脱盐技术的进步，使用海水替代淡水已经不再遥远。海水淡

化水和其他非常规水资源相比极具优势，不易受气候、环境条件和地理位置等因素影响，海水淡化水的水质各项指标均达到甚至优于我国饮用水卫生标准，同时随着技术进步、工程规模扩大，海水淡化产水成本有所下降，逐渐逼近市政供水价格。因此海水淡化与综合利用业有着广阔的发展前景。

（二）产业进入快速成长期，生产规模持续扩大

海水淡化与综合利用业既是节能环保产业，也是战略性新兴产业，在国家政策的大力扶持下，行业内企业数量不断增加、投入规模持续扩大、生产能力逐渐提高，产业处于快速成长阶段。为推进海水淡化规模化利用，促进海水淡化与综合利用业高质量发展，保障沿海地区水资源安全，2021年5月，国家发展改革委、自然资源部印发了《海水淡化利用发展行动计划（2021—2025年）》，提出"十四五"时期要着力推进海水淡化规模化利用，到2025年，全国海水海水淡化总规模达到290万吨／日以上，新增海水淡化规模125万吨／日以上，其中沿海城市新增105万吨／日以上，海岛地区新增20万吨／日以上。因此，海水淡化生产规模将持续扩大。

四、对策建议

（一）继续推进淡化水规模化应用

加大沿海缺水城市海水淡化民生保障工程建设。扩大淡化水进入市政供水管网范围，在有条件的地区逐步提高配置比例。严重缺水沿海城市的滨海地区严格禁止淡水冷却，推动海水冷却技术在沿海电力、化工、石化、冶金、核电等高用水行业的规模化应用。继续推动城市利用海水作为大生活用水的示范项目建设。

（二）继续完善政策，推动政策落地

按照"规划先行、国家引导、企业主导、市场化运作"的思路，研究

出台海水淡化水纳入市政供水体系及定价机制等产业推广政策。推动对进入市政管网的海水淡化工程给予与水利民生工程同等的工程和管网建设运行补贴，参照水利建设基金和城市管网专项资金做法，对海水淡化工程建设、维护和管网建设予以支持。推动对海水淡化工程给予农业用电或居民用电等电价优惠政策，推广实施对淡化海水等非常规水源取用水免征水资源税政策，探索制定新的海水淡化企业税收优惠政策。

（三）加大对海水淡化与综合利用装备技术集中重点支持

对海水淡化与综合利用装备和技术进行集中支持集中投入，集中优势力量支持国产反渗透膜、能量回收装置、高压泵、蒸汽喷射泵等海水淡化与综合利用技术装备研发，加快推进海水淡化与综合利用示范基地、大型试验场建设，搭建集检验检测、中试验证、技术转化等为一体的公共服务体系。继续推进海水化学资源高值化利用，加大对浓缩海水中提取化学资源的研发力度与应用示范，支持鼓励企业开展海水提取钾、溴、镁等系列化产品开发，培育龙头企业。

（四）开展海水淡化排放监测制度体系建设

建设全国海水淡化工程监测监管平台，对工程运行能耗、产水量、产水水质、取排水量及浓海水排放生态影响等指标开展长期监测，定期发布权威数据。做好海水淡化工程及取排水地选划工作，完善海水利用标准体系，加快制定海水淡化浓盐水排放标准。

（执笔人：徐莹莹）

6
船舶与海工装备制造业发展情况

一、现状与特点

2020 年，我国船企利用国际航运市场小幅上涨、新船市场持续活跃的契机，积极开拓市场。全年造船业三大指标一升两降，国际市场份额继续保持前列。海工装备方面，在新冠肺炎疫情压抑石油需求、国际油价大幅走低的情况下，我国海工装备三大指标均有所下降。

（一）国际市场份额保持领先，龙头企业竞争力稳步提升

2020 年，全球新船成交量同比下降 30%，海工市场成交金额同比下降 25%。在此背景下，我国船海国际市场份额仍保持世界领先，海船造船完工量、新接订单量、手持订单量以修正总吨计分别占世界总量的 36.2%、43.9% 和 35.8%，均居世界首位；我国承接各类海工装备 25 艘／座（金额 20.4 亿美元），占全球市场份额的 35.5%。龙头企业竞争能力进一步提升，分别有 5 家、6 家和 6 家企业进入世界造船完工量、新接订单量和手持订单量前 10 强。

（二）船舶研发取得新进展，转型升级成效明显

2020 年，我国高技术船舶研发和建造取得新突破。承接了全球最大的

24000 TEU集装箱船，17.4 万立方米液化天然气（LNG）船、19 万吨双燃料散货船、9.3 万立方米全冷式超大型液化石油气船（VLGC）等实现批量接单；23000 TEU双燃料动力超大型集装箱船、节能环保 30 万吨超大型原油船（VLCC）、18600 立方米LNG加注船、大型豪华客滚船"中华复兴"号等顺利交付；全海深载人潜水器"奋斗者"号成功完成万米海试。

（三）修船产业逆势上涨，业务向高端化转型

2020 年，修船企业抓住国际绿色环保规则带来的机遇，脱硫塔加装和压载水处理设备改造业务饱满，给企业带来丰厚的利润。全年重点监测的 15 家船舶修理企业修船产值 198.9 亿元，同比增长 22.9%，全部实现盈利。同时，修船企业推动业务高端转型，大型液化天然气（LNG）船和大型邮轮的修理改装业务取得新突破，国内首个浮式液化天然气存储及再气化装置（LNG-FSRU）改装顺利交付，"太平洋世界"号豪华邮轮进厂修理。

（四）海工企业积极拓展新领域，新型装备表现亮眼

2020 年，10 万吨级深水半潜式生产储油平台"深海一号"、中深水半潜式钻井平台"深蓝探索"号成功交付，浮式生产储卸油船（FPSO）船体和上层模块建造项目稳步推进，"蓝鲸 2 号"半潜式钻井平台圆满完成南海可燃冰试采任务。海工装备制造企业抓住海上风电发展黄金期，积极承接风电安装船、海上风电场运维船、海上升压站建造等项目。深远海渔业养殖装备快速发展，全球最大三文鱼船型养殖网箱、全球首制舷侧开孔式养殖工船、国内首座智能化海珍品养殖网箱等装备实现交付，10 万吨级智慧渔业大型养殖工船开工建造。

（五）光船租赁成为去库存的关键性手段

2020 年，全球海工市场依旧低迷，企业库存装备转售愈加艰难，但我国海工企业凭借光船租赁的方式与国内外用户展开合作，在低迷的市场环境下不断取得新成绩。在央企海工装备资产管理平台国海海工的助力下，大

连中远海运重工一座"库存"自升式钻井平台获得Selective Marine Services Limited光船租赁协议；航通船业与MAKAMIN就两艘65米三用工作船（AHTS）签订了光船租赁合同，两艘船将按计划交付并赴中东地区为沙特阿美国家石油公司提供油田支持服务作业。

二、存在的问题

（一）市场有效需求不足，船企生产受到影响

2020年，因全球新冠肺炎疫情影响叠加经济下滑预期，船东投资心理短期受到严重冲击，国际船海市场处于低位，市场需求严重不足。我国新接船舶订单连续两年不足3000万载重吨，手持订单量持续下降，创2008年金融危机以来新低。船舶企业生产保障系数（手持订单量/近三年完工量平均值）约为1.94年，仅有少数企业能满足2年以上的生产任务量，骨干企业普遍面临开工不足，部分企业存在生产断线风险。此外，虽然国内船企在较短时间实现复工达产，但受疫情全球性蔓延影响，部分进口设备延迟交付，对在建船舶项目设备安装调试、试航和交付造成严重影响，新冠肺炎疫情对船舶企业正常生产工作的影响仍将持续。

（二）市场开拓受限，船企资金压力进一步加大

新冠肺炎疫情不仅影响了船东的投资信心，造成航运市场需求萎缩，同时也限制了正常的国际商务交流活动。2020年，希腊、汉堡、日本、美国等的国际海事展会全部取消或推后，船舶企业与境外船东、船舶代理等面对面的交流活动几乎全面停止。由于有前期商务洽谈的基础，部分企业通过视频方式实现了"云签约"，但此类存量订单去年基本已消耗完毕。此外，由于船舶企业"盈利难、融资难"问题长期存在，因疫情导致资金压力加剧，甚至出现断裂风险。疫情造成船舶普遍延期交付，造成船企资金不能及时回笼，面临续贷、保函展期等困难，疫情防控、人力资源、物流成本等方面的额外

成本进一步增加了船企资金压力。此外，2020 年，人民币兑美元汇率较 2019 年底升值 6.9%，造船用 6 毫米和 20 毫米钢板价格分别比年初上涨 16.6% 和 19.9%，船企劳动力成本平均增长约 15%。

（三）市场持续低迷，企业面临激烈竞争和压力

2014 年以来，国际石油价格一直在低位徘徊，整体油气行业开发投资下降，再加上行业低迷，投机订单也几乎寥寥；同时，国际竞争也更为激烈，我国海工装备制造企业普遍反映虽然一直在国际上积极竞标，但是招标过程中业主压价现象非常严重，且主要竞争对手韩国凭借政府资助和补贴在投标中可以进一步压低价格，甚至有订单低于成本价接单。在目前市场新订单稀少的背景下，市场面临供大于求的局面，项目招标往往吸引多家船厂参与，国内多家船厂同时竞争一个项目的现象十分普遍。大船重工、上海外高桥造船、中集来福士、中远海远重工、招商局重工等多家船厂均具备浮式生产装备、钻井平台等大型高附加值海工装备的建造能力，在与韩国船厂竞争时处于各自为战的局面，各自在某一产品上与韩国船厂单独竞争时实力接近，但韩国现代重工收购大宇造船后，国内船厂在FPSO、半潜式生产平台、FLNG等产品上较韩国船厂的竞争优势将进一步弱化。

（四）设计、总承包能力欠缺，在竞争中处于被动地位

目前，我国浅海油气开发装备基本具备设计能力，半潜式钻井平台等深水装备初步具备概念设计能力，但更多的是进行后期生产设计工作。现有产品的概念设计基本上都来自国外，自主创新能力不强，核心技术研发能力较弱。深海油气装备建造存在较多空白领域，目前我国船厂总体上仍以中低端海工装备建造为主，且以浅水装备居多，在TLP、SPAR、LNG-FSRU、LNG-FPSO等高端装备建造领域较为欠缺。此外，国内企业承担总包项目的技术和管理能力不足，鲜有业绩。相比较需要投入大量人力与财力的大型海洋工程装备建造领域，海洋油气开发的工程与总包服务拥有更多的自主性及更高的利润率。我国企业所获订单大多都是装备的建造订单，但不具备自主

选择配套设备的能力，因此丢失了采购、工程、服务等具有高附加值的环节，在竞争中处于被动地位。

三、趋势分析

（一）船海市场新订单或出现补偿性反弹

2020 年，因全球新冠肺炎疫情影响叠加经济下滑预期，不仅造成航运市场需求萎缩，同时也导致部分进口设备和相关外籍人员无法及时到位，对企业生产造成严重影响。展望 2021 年，全球多国已开始接种疫苗，新冠肺炎疫情可能逐步得到控制，世界经济贸易有望逐步恢复正常。如果国际航运业和油气产业复苏，船东投资信心得到提振，被压制的市场需求可能释放，全球船海市场新订单可能出现补偿性反弹，预计我国海船造船完工量与 2020 年基本持平，新接订单量或有所增长，手持订单量将略有下降。

（二）钻井装备、海工支持船需求依旧低迷

对于钻井平台市场来说，去库存仍是当前的主旋律，但存在部分更新需求。目前船东订造新船的动力依然不足，大型船东抱团取暖，整合重组的步伐有望持续推进，因此短期内新造钻井平台数量十分有限。海工支持船面临的情况与钻井平台市场类似，新造需求极其渺茫。此外，海工支持船船龄较新，80%的船舶船龄在 20 年以内，50%上的船舶船龄在 10 年以内，并且由于海工船拆解价值量低，市场主动去除过剩产能的动力不足，海工船运营市场供应过剩的情况更加严重。大量的手持订单仍需时日消化，因此中长期新订单需求同样有限。

（三）天然气相关装备将成为焦点

在全球能源转型持续推进和我国天然气需求快速增长的背景下，天然气产业链各环节迎来发展机遇。从上游开采环节来看，自升式、半潜式钻井平

台等钻井装备由于运营市场严重过剩，需求潜力有限，但海洋气田的开发将直接带动半潜式生产平台等浮式LNG生产装备的需求。从中游运输环节来看，主要涉及天然气的储运和再气化，储气库、接收站、加气站及输管网的建设，随着全球天然气需求持续增长及我国需求缺口的持续扩大，未来LNG船、罐式集装箱船、FSRU等装备需求有望进一步增长。从下游消费环节来看，环保因素将推动全球LNG动力船舶的使用，LNG加注船也将迎来广阔发展空间。

（四）风电资源开发装备需求活跃

彭博新能源财经数据显示，预计在2020—2030年，全球海上风电的年装机量将比现在翻一番。相较于2018年4 GW的年度新增装机量，2030年的年度装机量将达到9.5 GW，累计装机量将达到129 GW。海上风电装机量的增长动力源自印度、美国和中国台湾地区在内的新兴市场，以及处于复苏中的欧洲成熟市场，如丹麦、比利时和荷兰。在此背景下海上风电资源开发与维护装备订单也将迎来发展机遇。

四、对策建议

（一）多措并举破解"融资难"困局

当前，我国船舶与海工装备制造业正处于结构调整、转型升级的关键时期，金融支持，特别是融资能力是船舶与海工装备制造业能否实现高质量发展的关键因素。建议金融机构在做好防范金融风险的同时，能够分企施策，根据实际情况对船舶与海工装备制造业实行差别化的授信政策，不断创新融资模式，加大对优质船企的融资支持力度。各企业应主动寻求多元化融资方式，通过在境内外上市融资、发行各类债务融资工具，优化融资结构。可尝试在对外贸易及相关投融资活动中使用人民币计价结算，降低汇率风险，减少汇兑成本。鼓励优质骨干企业开展市场化债转股，降低资产负债率。

（二）统筹兼顾船舶工业去产能和结构调整

当前，全球造船市场新船需求处于较低水平，手持船舶订单规模不断萎缩。尽管我国骨干船企通过多种渠道积极化解过剩产能，取得了阶段性成果，但国际造船市场供过于求的矛盾将在未来较长时间内存在，去产能工作的重要性、艰巨性和复杂性不言而喻。因此，船舶企业要积极应对当前市场形势，围绕国家建设海洋强国战略，主动扩展蓝色经济空间，积极开拓船舶与海工装备制造业与旅游、渔业、可再生能源、深海空间和矿物资源开发等领域的结合，拓展细分市场主动创造需求，培育新的经济增长点，加快产业结构优化调整。

（三）进一步做好企业技术创新和提质增效

当前，世界船舶科技发展迅速，国际造船新规范、新标准频繁出台，船东对技术、质量要求更加严格，日韩等主要竞争对手加大科技创新力度，使我国船舶与海工装备制造业面临更大的挑战。一方面，应适应市场结构的变化，密切联系船东，加大研发投入，提高创新能力，努力开发适应市场需求的绿色环保船舶、打造品牌船型，以技术引领市场。另一方面，在船价低迷、制造业综合成本不断上涨的双重压力下，加强成本控制和管理，已成为企业提高国际竞争力的重要途径。应以提高生产效率、降低制造成本为核心推进各项工作，通过狠抓降本增效，推进两化融合，发展智能制造，实行精益造船，降低能源消耗等措施，全面提升企业管理水平。

（执笔人：蔡大浩）

7
海洋交通运输业发展情况

　　海洋交通运输对一个国家的经济走向世界有着至关重要的作用，其意义远远超过其承载的货运数量及价值。目前国际贸易总运量中的 2/3 以上，我国进出口货运总量的 90% 以上都是利用海上运输实现的。"十三五"期间，尽管全球经济贸易增速放缓，国内经济转向中速增长，但我国沿海港口生产形势总体良好，海运贸易不断提升，海洋交通运输业稳中有进。

一、现状与特点

　　"十三五"以来，我国海洋交通运输业呈稳步上升的态势，2020 年海洋交通运输业增加值为 5711 亿元，年均增长 0.29%（图 3-7-1）。

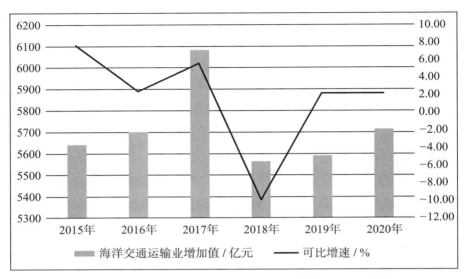

图 3-7-1　2015—2020 年海洋交通运输业增加值及可比增速

（一）沿海港口生产情况

1. 增速"M"型波动增长

受国内外环境影响，"十三五"期间我国沿海港口吞吐量各年增速波动较大，呈现出明显的"M"型走势，年均增速为 4.9%，较"十二五"期间放缓了 2.6 个百分点。目前沿海港口吞吐量的货物价值约占全国GDP的 40%，外贸吞吐量的货物价值约占全国外贸总额的 64%。2020 年沿海港口完成货物吞吐量 94.8 亿吨，同比增长 3.2%；完成外贸货物吞吐量 40.0 亿吨，同比增长 3.9%；完成集装箱吞吐量 2.3 亿标准箱，同比增长 1.5%。完成旅客吞吐量 0.43 亿人，同比减少 47.1%（图 3-7-2）。

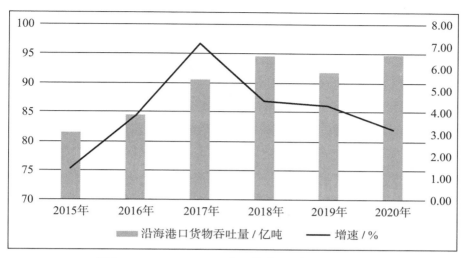

图 3-7-2 2015—2020 年沿海港口货物吞吐量及增速

2. 基础设施投资建设稳步推进

"十三五"时期沿海建设固定资产总投资 3257.7 亿元。其中，2020 年沿海建设完成投资 626 亿元，相比 2015 年减少 32.6%（图 3-7-3）。截至 2020 年底，沿海港口生产用码头泊位 5461 个，相比 2015 年减少 7.4%；万吨级及以上泊位 2138 个，相比 2015 年增加 18.3%（图 3-7-4）。

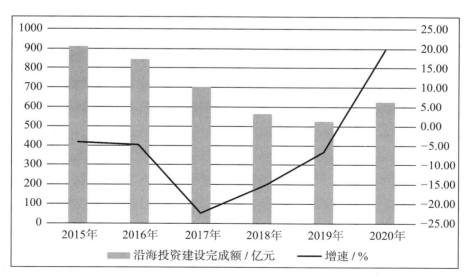

图 3-7-3 2015—2020 年沿海建设投资完成额及增速

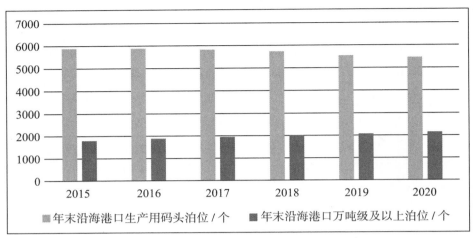

图 3-7-4　2015—2020 年沿海港口码头泊位数量

3. 运输结构进入调整优化期

"十三五"时期受贸易格局、进出口商品结构明显变化影响，沿海港口航线结构和集装箱装箱货物结构持续调整。随着 2020 年东盟成为我国最大的贸易伙伴，东盟航线成为"十三五"期间增长最快的航线，我国的航线结构也从传统的欧、美航线为主导发展为美、欧和东盟三足鼎立。随着我国进出口产品不断升级，出口单箱货值持续提高，同时农产品等消费品进口占比的提升也推动了港口冷链物流的快速增长。此外，国家大力推进运输结构调整，推动了港口集疏运体系的持续优化调整。其中，集装箱海铁联运规模显著增长，年均增速高达 54% 左右，占沿海集装箱吞吐量的比重由 2015 年的 0.4% 上升到 2.7%。

4. 沿海港口一体化持续推进

2015 年，宁波港与舟山港完成合并，成立宁波舟山港集团有限公司。2017 年，江苏省沿江沿海 8 市国有港口企业整合并入江苏省港口集团；同年 7 月，辽宁省政府与招商局集团签署《港口合作框架协议》，合作建立辽宁港口统一经营平台，两年后招商局正式入主辽宁港口集团。2019 年山东省港口集团有限公司在青岛正式挂牌成立。河北、辽宁、山东、浙江、江苏、广西组建省级港口集团，我国沿海省份的港口资源整合实现阶段性目标，基本形成"一省一港"的格局。在港口整合中，还出现了跨越省级行政区域并上升到国家区域协调一体化发展战略的津冀港口群、粤港澳港口群、长三角港口的资源整合。2017年，环渤海港口联盟成立；同年，长江港口物流联盟成立。

（二）海运发展情况

1. 海运船队结构优化

经过长期发展，我国海运形成了以干货船、液体散货船和集装箱船为代表的三大专业化船队，船龄结构和大型化水平取得了突破性成就。根据克拉克森数据，中国船队规模2018年8月增长到7744艘船、1.7亿总吨，从2010年的全球第四位上升至全球第二。有序推进海运船队规模增长的同时，我国海运船队加速拆解了一批高能耗、高成本的老旧船，建造了一批节能、减排的CAPESIZE（海岬型散货船）、VLOC（超大型矿砂船）、VLCC（超大型原油船）、超大型LNG运输船和超大型集装箱船，海运运力结构得到显著改善，2018年初平均船龄低于世界平均水平3.1年，平均吨位高于世界平均水平6%，船队大型化、年轻化，实现了追赶和超越。

2. 海运企业转型升级加快

2016年，经国务院批准，中远集团与中国海运重组成立中国远洋海运集团有限公司。重组后，中国远洋海运集团有限公司船队的综合运力、干散货船队运力、油轮船队运力、杂货特种船队运力居世界首位，集装箱班轮规模居世界第三位。民营海运企业稳步发展，海丰国际进入世界20大班轮运力行列。2020年，受益于运价大幅上涨、欧美需求持续增长等利好，我国海运企业市值增长良好，特别是集装箱运输企业业绩增长显著，中远海运控股有限公司、台湾长荣海运有限公司、东方海外（国际）有限公司、海丰国际控股有限公司市值同比分别增长137.3%、226.68、92.63%、65.97%。此外，9月上海中谷物流有限公司成为内贸集运业首家IPO企业，海运企业规模再度扩容。

3. 航运服务水平加快提升

上海、天津、大连、厦门、广州和深圳等港口城市的航运金融、航运交易、信息服务、设计咨询、教育研发、海事仲裁等现代航运服务业加快发展。中国沿海城市在全球航运中心评价体系中表现较为突出，2019年新华·波罗的海国际航运中心发展指数排名中，上海在全球排第4位。除了上海，进入综合实力前30位的城市还有宁波舟山（13位）、广州（16位）、青岛（17位）、大连（20位）、深圳（22位）、天津（24位）、高雄（25位）、厦门（30位）。上海国际航运中心基本建成，上海港连续9年位列全球港口连通度第一名。海事法律服务能力大幅提升、海事保险服务发展迅速，拥有多家全球航运知名企业，在航运金融、航运保险、航运争端解决、航运咨询等方面取得长足进步，已成为国内航运保险市场中心。

二、存在的问题

港口发展方面，与经济社会发展要求和人民群众新期待相比，我国港口还存在区域发展不平衡、绿色发展水平不高、安全基础不牢等问题。与世界先进港口相比，我国港口在综合运输体系的枢纽功能方面有待强化，在专业物流、现代服务功能等方面存在差距；口岸物流通关便利化程度、口岸营商环境有待进一步改善；在多式联运，特别是集装箱铁水联运方面也有较大差距。

海运发展方面，与发达国家相比，我国海运业发展还存在较大差距，不能完全适应经济社会发展的需要。尽管我国海运需求巨大，但当前中国海运企业对外竞争能力偏弱，国货外运现象严重，无法满足国内运输需求。船队结构主要是船舶类型比例不协调、不合理，我国特种运输船舶与专用船舶较少，承接高附加值货物能力不高。与此同时，散杂货船队比重却过大，同质化竞争严重。

航运服务方面，我国的航运服务产业主要集中在产业链的低端环节。以货运代理、船舶代理、报关报检等劳动相对密集的初级航运服务业为主。大量的人力、物力和财力集中于此，由于缺乏发展完善的产业集群，只能凭借低要素成本获得竞争优势。航运保险、海事法律、航运咨询、航运经纪、船舶管理等知识密集型的高端航运服务业发展十分滞后，规模小，数量有限，没有形成规模优势。

三、趋势分析

在当前我国构建"以国内大循环为主体、国内国际双循环相互促进"的新发展格局，实现由出口导向型经济向内需主导型经济的战略转型过程中，海洋交通运输业发展的机遇和挑战并存。

（一）货类结构优化转变

当前基于外需的"中国制造"逐渐转向内需、外需并重的"中国制造"和基于"中国消费"的全球进口，据预计，"十四五"期间沿海港口货物吞吐量将呈现高基数上的中低速增长。集装箱的比重处于高位，还会继续提升，增速相对稳定，其中消费品进口将成为拉动我国消费的主要增长点之一，对海洋交通服务能力和水平的要求显著提升。

（二）航线结构持续调整

随着"一带一路"建设的继续深化，RCEP、中欧双边投资协定等一系列贸易协定的签署，我国将继续坚持实施更大范围、更宽领域、更深层次的对外开放，构建面向全球的高标准自由贸易区网络，新兴航线占比的较快增长继续推动我国对外航线结构的调整。

（三）重要通道和枢纽愈加凸显

随着国内新发展格局的构建，国内跨区域物资交流需求更加旺盛，南北海运通道、长江等东西通道以及西部陆海新通道等的货运需求仍具备持续增长空间，运输需求和综合服务需求继续向重要枢纽港口集聚。

（四）绿色数字化发展成为时代潮流

数字化转型和绿色发展在航运领域已被提及数年。新冠肺炎疫情的正面冲击将航运信息的不确定性、价格的波动性、流程的透明度、业务诚信和履约等多个"痛点"问题暴露无遗，航运数字化转型迫在眉睫。此外，航运绿色减排也一直是国际社会关注的焦点，IMO（国际海事组织）自2015年起对特定排放控制区内的船用燃油实施0.1%的硫含量限制，2020年起在全球范围内实施0.5%的硫含量限制。

四、对策建议

（一）深化海运高质量发展

进一步优化海运船队规模结构，建设规模适应、结构合理、技术先进、绿色智能的海运船队。加快北斗终端设备在船舶和应急装备上的应用，大力推广应用移动互联网、人工智能、大数据、区块链等新技术。大力促进智能航运发展，加快智能船舶自动驾驶和船岸协同技术攻关，加快构建智能航运服务和安全监管、航海保障，突破一批制约智能航运发展的关键技术。培育一批具备较强国际竞争力的骨干海运企业和专、精、特发展的海运企业，形成若干全球综合物流运营商。

（二）加快一流港口建设

强化枢纽港的引领作用，加快建设布局合理、功能完善、优势互补、协同高效的京津冀、长三角、东南沿海、粤港澳大湾区、西南沿海等区域港口群。推动港口升级换代，提升港口专业化能力和水平，积极推进新出海通道相关港区建设和LNG接收站配套码头、江海联运码头等建设，推进全自动化码头建设及改造，加快绿色港口、智慧港口建设。健全港口集疏运体系，以铁水联运、江海联运、江海直达等为重点，大力发展以港口为枢纽、"一单制"

为核心的多式联运。

（三）推进航运服务高端化

加快建设具有中国特色的国际航运中心体系，形成珠三角、上海 2 个世界级国际航运中心，环渤海湾、东南沿海、西南沿海 3 个区域性国际航运中心。进一步加强航运业与电子商务、金融服务业务的融合，拓展航运交易功能，创新航运交易服务产品，降低交易成本，提高服务效率。推进涉海金融、航运保险、船舶和航运经济、海事仲裁等业态向专业化和价值链高端延伸。

（执笔人：化蓉）

8
海洋旅游业发展情况

一、现状与特点

作为海洋经济的支柱产业，近年来我国海洋旅游业增加值占海洋生产总值的比重逐年增加，从 2006 年的 12.13% 提高到 2019 年的 20.23%（图 3-8-1）。海洋旅游业在实现自身产业规模不断扩充的同时，俨然已经成为我国海洋经济的第一大产业，涉及旅游景区、餐饮、娱乐休闲、邮轮等多种业态，在优化海洋产业结构、调整产业布局等方面发挥了较强的带动作用。

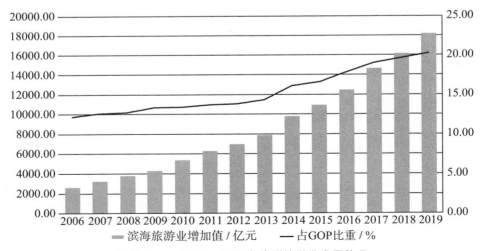

图 3-8-1　2006—2019 年海洋旅游业发展状况

2020 年，新冠肺炎疫情突然爆发，基于远行、社交和异地生活体验的旅游经济对疫情尤其敏感，海洋旅游业受到的冲击和挑战更是前所未有，邮轮旅游停滞，旅游景区关停，游客出游意愿锐减，景区接待游客数量出现断崖式下滑，全年增加值同比下降 24.5%。但是随着疫情得到进一步有效控制，三季度散客出游开始筑底回升，全年海洋旅游经济总体呈现深 U 型走势。

（一）邮轮行业损失惨重

邮轮产业是一种特殊的海洋旅游业态，中国邮轮产业用过去 10 年的时间走过了欧美邮轮市场几十年的发展历程。随着市场竞争越来越激烈，我国邮轮产业自 2017 年以来已逐渐由"高速发展"向"平稳发展"转变，各大邮轮公司正在努力优化战略以适应市场发展新形势，我国邮轮旅游市场逐渐由成长期向成熟期转变（图 3-8-2）。

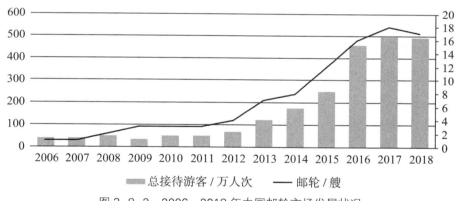

图 3-8-2 2006—2018 年中国邮轮市场发展状况

在新冠疫情全球暴发的冲击下，我国邮轮业受到严重冲击。2020 年 3 月 13 日，嘉年华公司、皇家加勒比、挪威邮轮公司和地中海邮轮宣布停航，邮轮市场处于完全停摆状态。我国沿海 13 个邮轮港[①]，若参照 2019 年同期水平，

---

① 舟山群岛国际邮轮港、温州国际邮轮港、三亚凤凰岛国际邮轮港、连云港国际客运站、上海港国际客运中心、大连国际邮轮港、青岛邮轮母港、海口秀英港、深圳招商蛇口国际邮轮母港、广州港国际邮轮母港、厦门国际邮轮中心、天津国际邮轮母港和上海吴淞口国际邮轮港。

按照平均每个月 34.5 万游客估算①，从 3 月中旬停航，2020 年停航 8.5 个月，旅客量直接减少 293.3 万。各大邮轮集团运营受到严重影响，嘉年华集团 2020 财年一季度净亏损 7.81 亿美元；皇家加勒比邮轮取消了 2—3 月 11 趟中国母港航次，受影响的游客数量超过 4 万；地中海邮轮旗下的 MSC 地中海辉煌号于 2 月 14 日提前结束运营离开中国母港。此外，拒绝邮轮停靠的事件在全球不断出现，如"威斯特丹"号先后被日本、中国台湾、美国关岛、菲律宾和泰国拒绝靠岸；"至尊公主"号、"歌诗达幸运"号等被美国、泰国、墨西哥、缅甸、牙买加等国家和地区的部分港口拒之门外，引发了邮轮船旗国与港口在面对全球突发公共卫生事件时的国际合作问题。

（二）滨海景区关停

文化和旅游部于 2020 年 1 月 24 日发布了《关于全力做好新型冠状病毒感染的肺炎疫情防控工作 暂停旅游企业经营活动的紧急通知》，全国旅游景区全面停止营业。新冠肺炎疫情使旅游景区损失惨重，主要影响体现在三个方面：一是滨海旅游景区的业务停滞给旅游全行业、全产业链带来了广泛的冲击，沿海旅行社、住宿、餐饮等经营活动遭受重创；二是需求端的消费意愿在短期内断崖式下降，消费信心恢复期可能较长；三是就单个景区而言，以大连圣亚海洋世界为例，运营费用包括人力支出、动物饲育和水电费等，每天成本大约是 60 万元，该部分刚性支出给企业带来了较大的财务压力。

（三）旅游市场主体压力倍增

整体来看，海洋旅游相关企业受到严重挑战，企业主体面临的存续压力史无前例。

1. 订单退订量激增

新冠肺炎疫情发生后，因景区关闭、航班取消等出现海量订单退订，使

---

① 数据参考《邮轮志》2020 年 1 月刊《全国邮轮市场 2019 年 12 月数据和分析》中提出"2019 年全国邮轮码头累计客流量 413.49 万人次"。

得各环节面对巨大的处理压力，如在线旅游平台与航空公司需在短时间内重建免费退票系统。

2. 经营收入受损

春节假期通常是旅行社、旅馆盈利的黄金时间点，受疫情影响，旅行社人员基本处在失业状态，酒店大部分暂停营业，短期内出租率大幅下滑，2020 年沿海地区旅行社旅游业务营业利润大幅减少，大部分地区甚至处于亏损状态（详见表 3-8-1）。

表 3-8-1　2019－2020 年沿海地区旅行社旅游业务营业利润

序号	省（区、市）	2019－2020 年营业利润 / 千元	
		2019	2020
1	广东	4372628.03	973307.91
2	浙江	1510557.11	149696.04
3	福建	965587.55	98053.90
4	上海	5019038.50	−2593.32
5	河北	178896.47	−26115.98
6	广西	296693.34	−32385.68
7	海南	249848.99	−45024.44
8	山东	948299.08	−46538.99
9	辽宁	457058.61	−51381.76
10	江苏	1235886.39	−164703.26
11	天津	220475.05	−200515.53

数据来源：中华人民共和国文化和旅游部

3. 企业现金流紧张

部分海洋旅游企业出现较大的现金流缺口，若疫情长期持续，企业将存在着资金链断裂风险，特别是中小旅游企业很难维系经营，面临破产。此外，我国住宿行业存在薪酬过低、科技支撑和创新活力不足、盈利能力不强等结构性问题，疫情的冲击造成旅游从业人员工资大幅缩减，让疫后住宿业的恢复振兴与转型升级面临更大考验。

（四）海洋旅游业逐步复苏

虽然新冠肺炎疫情对海洋旅游业冲击巨大，但是随着疫情得到进一步有效控制，三季度散客出游开始筑底回升，全年海洋旅游经济总体呈现深U型走势。同时，滨海旅游吸引力不减，保市场主体政策纷纷出台，取得显著成效，海洋旅游业逐步复苏。

1. 海洋旅游吸引力不减，发展趋势向好

近年来人民群众对美好生活需求意愿的提升，带动海洋旅游业蓬勃发展，海洋旅游企业快速增长。然而受新冠肺炎疫情影响，2020年上半年有组织的海洋旅游活动全面停滞，全年海洋客运量为6759万人，同比下降41.4%。新冠肺炎疫情从客观上阻碍了海洋旅游业的繁荣发展，但海洋旅游的主观吸引力却不断增加，三季度散客出游开始筑底回升，全年海洋客运量比前三季度同比降幅收窄3.6个百分点。《中国国内旅游发展报告2020》指出，2020年客源地潜在出游力极强地区排名（表3-8-2）前5位均为沿海地区，分别是江苏、广东、浙江、上海、山东，可见海洋旅游仍然是居民出行的重要选择。

表3-8-2　2010—2020年沿海各省（区、市）客源地潜在出游力排名

省 （区、市）	2010—2020年潜在出游力排名										
	2010	2011	2012	2013	2014	2015	2016	2017	2018	2019	2020
江苏	5	5	3	3	4	4	4	3	3	2	1
广东	3	3	5	4	2	3	3	4	4	4	2
浙江	6	4	4	5	5	5	5	5	5	5	3
上海	2	1	2	2	3	2	1	1	1	1	4
山东	8	7	7	6	6	7	6	6	6	6	5

省 （区、市）	2010—2020 年潜在出游力排名										
	2010	2011	2012	2013	2014	2015	2016	2017	2018	2019	2020
福建	9	8	9	9	9	9	8	7	7	7	9
河北	11	10	11	13	11	11	9	12	11	12	12
辽宁	7	9	8	8	8	8	11	13	13	15	15
天津	4	6	6	7	7	6	7	8	14	17	17
广西	24	24	24	24	24	24	25	25	26	23	23
海南	23	23	25	26	17	23	23	24	24	24	26

数据来源：《中国国内旅游发展报告 2020》

2. 政府纷纷发力，保市场主体成效显著

为应对新冠肺炎疫情冲击，沿海各地政府陆续出台相关政策，缓解旅游企业经营压力，促进海洋旅游消费。山东、浙江、江苏等沿海省市相继发放了消费券，山东省推动部分国有景区门票减免优惠，其中青岛市 12 家国有景区面向国内外游客免费开放，威海市所有景区在冬季全部免费，以刺激旅游消费。此外，山东省加大助企纾难政策支持力度，暂退全省 2308 家旅行社 80% 的质保金，共计 4 亿多元，缓解了企业现金流压力，助力市场恢复活力。随着"保市场主体"各项任务落实，2020 年全年海洋旅游业新登记户数涨幅比前三季度扩大了 4.2 个百分点；全国 11 个沿海省（区、市）的旅行社数量较上一年均有所增长（表 3-8-3），成效明显。

表 3-8-3　2019—2020 年度沿海各省（区、市）旅行社数量

序号	省（区、市）	数量 / 家		增长率 / %
		2019 年	2020 年	
1	广东	3281	3390	3.32

（续表）

序号	省（区、市）	数量／家		增长率／%
		2019 年	2020 年	
2	江苏	2943	3057	3.87
3	浙江	2769	2885	4.19
4	山东	2613	2676	2.41
5	上海	1758	1808	2.84
6	河北	1513	1531	1.19
7	辽宁	1524	1530	0.39
8	福建	1181	1270	7.54
9	广西	850	922	8.47
10	海南	483	600	24.22
11	天津	502	516	2.79
	合计	19417	20185	3.96

数据来源：中华人民共和国文化和旅游部

二、存在的问题

（一）无法满足人民日益增长的优质海洋旅游服务诉求

近年来，海洋旅游业发展迅猛，即使面临新冠肺炎疫情的冲击，国内消费需求依旧旺盛，但是在这种背景下，海洋旅游无法满足人民日益增长的优质旅游服务诉求的问题却不容忽视。一方面，随着人民收入的增加、文化要求的提升，海洋旅游消费更加多元、需求更为细化，对服务质量要求不断提高，对海洋旅游服务品牌的重视和要求也不断提升。这不仅表现为游客对安全、卫生、舒适度等基础功能的要求提高，也体现为对各类海洋旅游产品的文化解读、美学欣赏、场景体验等深层次、高层级诉求的深化。如海洋旅游设施不完善，公共游艇码头和设施完备的水上运动中心还很缺乏，游艇租赁业务服务不规范，大宗消费的休闲游乐项目单一，制约着海洋旅游业的高质量发展。另一方面，全国海洋旅游质监与旅客投诉问题屡见不鲜。究其原因主要在于随着人们旅游意愿的增加，更多的投资涌入滨海旅游市场，其定位不清导致部分沿海地区、部分领域投资过热，千景一面，同质化问题严重，丧失地区特色，无法满足人民对海洋旅游文化灵魂的追求。众多海洋旅游文化景区内涵挖掘不足，缺乏文化创意，旅游产品内容单一，开发深度不够，难以体现海洋旅游特色。

（二）邮轮产业需要提质增效

首先，我国尚未形成成熟的邮轮文化，市场对邮轮旅游的认知度较低，对邮轮品牌的辨识度不高，因此必须加大我国邮轮旅游市场培育的投入力度，让更多的人知道、了解、喜爱邮轮这一出境旅游方式，然后逐步成为邮轮的目标市场，这是真正能够把中国邮轮市场做大的关键。第二，新冠疫情暴发之前，我国邮轮航线较为单一，对外邮轮航线多以日本、韩国为主要旅游目的地，长期来看，这并不利于扩大国际邮轮市场份额。第三，我国在国际邮轮旅游业中的收益环节少、收益能力较弱，大部分的营业收入主要来自邮轮港口的靠泊费收入、邮轮船供收入、旅行社票务差价收入等方面，相对于国际邮轮公司的收入，依然处于较低的水平。我国在邮轮设计、制造、维修等产业链中上游环节依然未有重大突破，亟须更大程度上的政策创新和资金扶持，邮轮企业总部经济尚未形成较大的规模，邮轮产业链发展尚处于起步的初期阶段。

（三）地方政策连续性存在不确定性

近年来各沿海地区愈发重视海洋旅游产业发展，不断加大政策支持和投资力度，但是地方政策的连续性却存在极大的不确定性，严重影响了海洋旅游产业的长效发展。产生这个问题的主要原因就是因为各沿海地区政府不同部门之间缺乏有效衔接，导致不同部门制定了不同的政策法规，相互之间存在不兼容问题，出现多头管理的矛盾，影响海洋旅游产业相关政策法规的有效实施。只有积极转变并明确相关行政部门的职能，制定并保证优惠政策的连续性，才能真正促进各项利好政策落地，推动滨海旅游业高质量发展。

三、趋势分析

国内疫情防控成效的稳定，国内旅游大循环促进海洋旅游消费回流，加之科技创新将进一步带动海洋智慧旅游升级，有效提升广大游客的满意度，新业态发展潜力加速释放，海洋旅游业有望从全面复工复业走向消费、投资全面复苏，加速推进高质量发展。

（一）海洋旅游消费升级，新业态发展潜力加速释放

第一，家庭休闲成为海洋旅游核心诉求，品质旅游加速演进，滨海度假酒店、住宿环境要求提升。国庆假日期间，度假型酒店价格上升明显，上海、三亚等地高星酒店供不应求。第二，自驾旅游热度持续走高。新冠肺炎疫情影响下，其他出行方式受限，基于自驾、自助方式的家庭及亲友休闲娱乐的海洋旅游产品成为市场需求热点。2020年国庆期间海南三亚的租车量排名第一。第三，游客开始追求游艇等个性化的体验。新冠肺炎疫情期间，三亚、深圳等城市海上休闲游逆势增长，游艇出海需求旺盛，人们开始热衷游艇体验、游艇运动、游艇海钓等海上休闲旅游活动。

（二）科技助力海洋旅游业高质量发展

科技驱动海洋旅游持续创新，促使海洋旅游业不断迈向高质量发展新台阶。5G、人工智能、大数据、无接触服务，逐步改变传统的海洋旅游消费方式和服务方式。目前，中国电信分别在浙江杭州和江苏南京设立了旅游研发基地，开展智慧化项目建设，推动智慧旅游发展。深圳欢乐谷打造中国首个"5G＋体验乐园"，引领中国主题乐园进入"5G＋"娱乐新时代，给海洋旅游带来新的消费体验。国家海洋博物馆2020年下半年恢复开放，全部采取线

上预约。大数据加持的"预约、限量、错峰、有序"成为海洋旅游新常态。

四、对策建议

（一）落实国家提高旅游服务质量有关政策

2021 年 5 月 21 日，文化和旅游部印发《关于加强旅游服务质量监管 提升旅游服务质量的指导意见》（以下简称《指导意见》），针对旅游服务质量提升的制约因素和共性问题，提出了解决问题的思路、旅游业高质量发展的目标，并对具体任务进行了部署。按照《指导意见》要求，一方面，海洋旅游业高质量发展需要建立完善的海洋旅游服务品牌建设、培育和评价体系，让服务优质的海洋旅游企业脱颖而出。同时需要行业协会及第三方机构予以认证及评价高质量的海洋旅游服务企业，以期能够给行业以示范效应，给消费者以明确的消费指导。另一方面，着力建设一批世界级滨海旅游景区及度假区等目的地，打造国际知名品牌，引导高质量海洋旅游消费，创造高质量海洋旅游需求。面对转型期高质量发展要求，推广优质海洋旅游服务品牌案例，依托"一带一路"建立"中国滨海旅游服务品牌"走出去机制。

（二）加快海洋旅游企业积极创新

海洋旅游企业应创新经营方式，一方面可以将线上服务、智慧旅游当作转型的一大主要方向，探索"云旅游"，通过云直播平台架构等技术研发，展现多时空、多视角的滨海景区、海洋展馆，使游客可在家体验；另一方面从产品促销和成本控制方面采取新举措，提前制定预购、低价促销策略，设计新线路、新产品、新业务，吸引游客关注，同时加强人员培训，压缩非必要的开支等。

（三）推动邮轮复航及新航线开发

随着新冠肺炎疫情得到有效控制，邮轮航线全线复航指日可待，积极开发邮轮始发航线，推动邮轮产品的品质化、特色化发展，吸引主题型邮轮开辟中国母港航线；完善邮轮旅游配套设施，建设邮轮供给配套服务中心；继续深化"多点挂靠"和港澳航线政策的实施，争取将审批制调整为备案制，将审批权下放到地方政府部门；推动发展"邮轮＋航空""邮轮＋铁路""邮轮＋内河游轮""油路＋游船"，提升邮轮产品与其他精品旅游产品的互动性。

（四）创新"滨海旅游＋"发展模式

为深入贯彻十九届五中全会精神和《中共中央关于制定国民经济和社会发展第十四个五年规划和二〇三五年远景目标的建议》的相关要求，文化和旅游部发布和实施了《"十四五"文化和旅游发展规划》，进一步明确了海洋旅游的文化属性和产业特性，要求既要抓好文化和海洋旅游融合发展，更要推进海洋旅游业高质量发展。推动"滨海旅游＋"发展模式，促进海洋旅游与海洋保护地、渔业、盐业、海上大型生产设施等的融合发展。依托国内旅游大循环，瞄准国内国际旅游双循环，推动海洋旅游高质量发展。

（执笔人：徐莹莹）

区域篇

1
北部海洋经济圈海洋经济发展形势

一、北部海洋经济圈海洋经济发展现状

北部海洋经济圈由辽东半岛、渤海湾和山东半岛沿岸及海域组成，行政区划上对应天津市、河北省、辽宁省和山东省。该区域海洋经济发展基础雄厚，海洋科研教育优势突出，是东北振兴的新引擎、京津冀协同发展的承接区、黄河流域生态保护和高质量发展的出海通道。

（一）北部海洋经济圈海洋经济发展规模

1. 海洋生产总值

2016—2020 年北部海洋经济圈海洋经济的总体规模有所起伏，但对国民经济增长的引擎作用持续发挥。2016—2020 年北部海洋经济圈海洋生产总值（GOP）的波动较大，呈先上升、后下降的倒U型，2016—2019 年由 24323 亿元上升至 26360 亿元，2020 年受新冠肺炎疫情的影响大幅下降至 23386 亿元。其名义增速与GOP的走势较为一致，2016—2018 年呈上升趋势，由 3.8%上升至 6.4%；2018—2020 年呈下降趋势，由 6.4%下降至-11.3%。同时，2016—2020 年北部海洋经济圈海洋经济在全国海洋经济中的地位呈下降趋势，区域GOP在全国GOP中的占比由 2016 年的 34.5%下降至 2020 年的 29.2%。但北

部海洋经济圈海洋经济持续发挥其对国民经济的支撑作用，2016—2020 年区域GOP在其GOP中的占比稳定在 15%以上（图 4-1-1）。

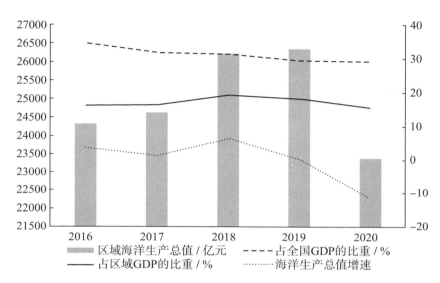

图 4-1-1　2016—2020 年北部海洋经济圈海洋生产总值发展趋势
数据来源：2016—2020 年《中国海洋经济统计公报》

2. 主要海洋产业增加值

2016—2020 年北部海洋经济圈的主要海洋产业增加值跌宕起伏，但在海洋经济中的地位较为稳固。2016—2020 年北部海洋经济圈的主要海洋产业增加值呈现出M型，2016—2017 年主要海洋产业增加值由 10425.3 亿元上升至 11330.5 亿元，2018 年下降至 10980.0 亿元，2019 年又回升至 11575.4 亿元；2020 年新冠疫情对北部海洋经济圈的海洋交通运输业、海洋旅游业带来巨大冲击，导致主要海洋产业增加值再次大幅下跌至 10135.9 亿元。近几年，北部海洋经济圈的主要海洋产业步入结构转型、新旧动能转换的增速换挡期，主要海洋产业增加值增速的态势与产业增加值的高度一致，呈现波动异常的M型，而且整体呈现下滑趋势，由 2016 年的 0.11%下降至 2020 年的-12.4%。但主要海洋产业作为北部海洋经济圈海洋经济的重要产业构成，2016—2020年主要海洋产业增加值在区域GOP中的占比一直保持在 40%以上，地位较为稳固（图 4-1-2）。

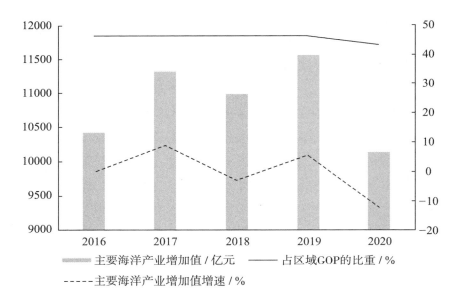

图 4-1-2　2016—2020 年北部海洋经济圈主要海洋产业发展趋势

数据来源：2016—2017 年的数据来自 2017—2018 年的《中国海洋统计年鉴》；
2018—2020 年的数据来自国家海洋局北海信息中心

（二）北部海洋经济圈海洋经济发展结构

1. 海洋产业结构

2016—2020 年北部海洋经济圈海洋产业结构持续优化，海洋三次产业结构比从 5.8：41.9：52.3 优化为 5.7：40.1：54.2。2016—2020 年，海洋第一产业在北部海洋经济圈GOP中的占比一直较小，其产业增加值也呈下降趋势，由 1305 亿元下降至 1167 亿元，降幅达 10.6%。2016—2020 年海洋第二产业在北部海洋经济圈GOP中的占比呈现微弱的下降趋势，产业增加值也由 9500 亿元下降至 8270 亿元。2016—2020 年海洋第三产业在北部海洋经济圈GOP中的占比保持在 50% 以上，并且有一定上升趋势，其产业增加值的表现也较为稳定（图 4-1-3）。

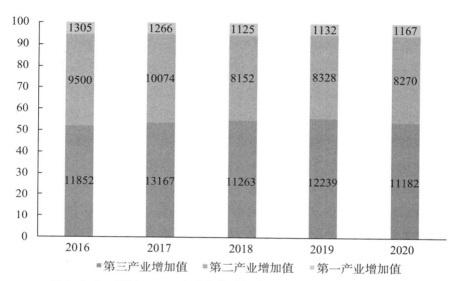

图 4-1-3　2016—2020 年北部海洋经济圈海洋三次产业发展趋势

数据来源：2016—2017 年的数据来自 2017—2018 年的《中国海洋统计年鉴》；2018—2020 年的数据来自国家海洋局北海信息中心

从各细分海洋产业来看，主要海洋产业增加值在北部海洋经济圈GOP中的占比高达 43%。在主要海洋产业中，海洋旅游业是拉动海洋经济增长的主导产业，占比高达 41%；海洋交通运输业、海洋渔业与海洋油气业共占47%，是主要海洋产业的重要组成部分；海水淡化与综合利用业、海洋药物和生物制品业等海洋新兴产业的占比仍较低，但其发展潜力大、前景好、增速快，有望成为北部海洋经济圈海洋经济新的增长点。

2. 海洋经济空间结构

北部海洋经济圈海洋经济的空间结构十分稳定，但分布不均衡。2016—2020 年北部海洋经济圈各省（市）海洋经济的占比无明显变化，空间结构较为稳定。但海洋经济的空间分布不均衡，其中山东海洋经济撑起北部海洋经济圈海洋经济的半壁江山，2016—2020 年山东GOP在北部海洋经济圈GOP中的占比保持在 55% 左右。2016—2020 年天津GOP呈上升趋势，由 4046 亿元上升至 4766 亿元，在北部海洋经济圈GOP中的占比也由 17.86% 上升至 20.38%。

而2016—2020年辽宁GOP呈现下降趋势，由3338亿元下降至3125亿元，由此在北部海洋经济圈中的地位出现轻微下滑。河北海洋经济在北部海洋经济圈海洋经济中的地位一直较低，2016—2020年河北GOP在北部海洋经济圈GOP中的占比一直在10%左右徘徊（图4-1-4）。

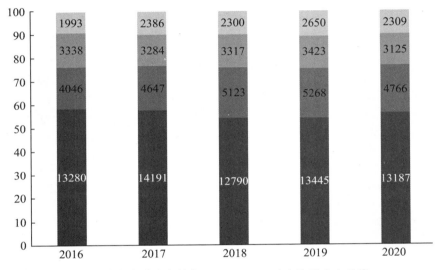

图4-1-4　2016—2020年北部海洋经济圈海洋经济空间结构发展趋势
数据来源：2016—2017年的数据来自2017—2018年的《中国海洋统计年鉴》；
2018—2020年的数据来自国家海洋局北海信息中心

二、北部海洋经济圈海洋经济发展特征

（一）天津市海洋经济发展特征

天津市位于北部海洋经济圈的中心位置，是中国北方最大的港口城市。作为"百年港城"，天津有着扎实的海洋发展基础和较大的海洋发展潜力。

1.海洋装备制造业初具规模，海水淡化与综合利用业优势突出

天津市于2019年7月印发实施《天津临港海洋经济发展示范区建设总

体方案》，2020 年 5 月印发《天津港保税区支持海洋产业发展的若干政策》，重点支持海洋装备制造、海水淡化等海洋新兴产业发展。目前，天津海洋装备制造业初具规模，2019 年产业总规模超 200 亿元。其中海洋油气业发展迅速，已形成完整产业链；海洋工程总承包、服务领域居全国前列；船舶制造业走向国际化，拥有自主知识产权的 8000 车位汽车滚装船涉足国际市场。海水淡化与综合利用业方面，天津海水淡化能力全国第一，海水淡化技术全国领先，拥有全国唯一的国家级海水淡化科研机构——中国自然资源部天津海水淡化与综合利用研究所，并于 2020 年 8 月成立了天津海水淡化产业联盟，助力海水淡化与综合利用业高质量发展。

2. 科技兴海战略深入实施，海洋科技创新成效显著

自滨海新区获批"十三五"海洋经济创新发展示范城市以来，天津大力实施"科技兴海"战略，印发实施《天津市科技兴海行动计划（2016—2020年）》。截至"十三五"期末，天津市形成了涉海发明专利、实用新型专利335 项，全市省部级以上海洋重点实验室、工程研发中心 35 家，海洋领域科技小巨人企业 58 家；取得了一批具有国际先进水平的海洋科技成果，目前海洋工程装备制造、海水淡化综合利用、海上平台等技术在全国处于领先地位。

3. 融资租赁领跑全国，缓解船舶行业融资难题

融资租赁是天津市涉海金融的一大特色。2019 年，经国家外汇管理局批复，天津自由贸易试验区成为全国首个可开展飞机离岸融资租赁对外债权登记业务的区域。随后，民生金融租赁通过设立在天津东疆保税港区的单一项目公司（SPV），成功开展了 4 艘 64000 载重吨大灵便型干散货船的离岸融资租赁业务，完成了天津自贸区首单船舶离岸融资租赁业务，办结了离岸融资租赁对外债权登记业务，在行业内起到带头示范作用。目前天津市国际航运船舶、海工平台租赁业务规模领跑全国，占全国的 80% 以上。

4. 对外开放水平不断提高，"一带一路"航线网络不断完善

2020—2021 年，天津市人民政府先后批复大港港区南港港务公司 7—8号通用泊位、大沽口港区临港造修船基地 2 号修船码头 1—3 号泊位对外开放。2021 年 3 月，天津港开发的"21 世纪海上丝绸之路"新航线——"天津—胡志明"正式通行。至此，天津港拥有"一带一路"集装箱航线 46 条，北方国际航运枢纽建设逐步推进。

5. 多部门协作联动，海洋综合治理水平不断提升

2019 年，天津市规划资源局、人民检察院签署《关于在海洋生态和资源保护领域公益诉讼工作中加强协作配合增强公益保护合力的意见》，合力打好海洋污染防治攻坚战。2020 年，天津市规划资源局、海警局签署《天津海警局天津市规划和自然资源局海洋执法协作配合办法》，加强海洋资源管控。此外，天津市海监总队自主研发出海洋行政执法信息系统，为海洋行政执法提供了"智慧大脑"，在海洋督察整改、海洋垃圾整治等执法工作中取得良好效果。

（二）河北省海洋经济发展特征

河北省地处环渤海经济圈的核心区域，依托京津冀协同发展、"一带一路"建设、环渤海地区合作发展等国家战略，助力海洋经济快速发展。

1. 唐山港向世界一流贸易大港迈进

2018 年，唐山市印发《关于推动"一港双城"（城镇化）建设的实施意见》，自此唐山全面实施"一港双城"战略，推动港口和海洋经济快速发展。目前，唐山港是全国最大的进口铁矿石接卸港、最大的钢材输出港、重要的油气能源进口基地和储备中心。2020 年，唐山港货物吞吐量达 7.02 亿吨，同比增长 7%，吞吐总吨位跃居世界沿海港口第二位；集装箱吞吐量达 312 万标箱，同比增长 5.8%，增长率位居全球前列。其中，曹妃甸港区货物吞吐量突破 4 亿吨，集装箱吞吐量达 80 万标箱；京唐港区货物吞吐量突破 3 亿吨，集装箱吞吐量达 231.5 万标箱。近五年，唐山港货物吞吐量从 4.93 亿吨增长到 7.02 亿吨，集装箱吞吐量从 152.24 万标箱增长到 312 万标箱，年均增长率分别为 7% 和 17.5%，是世界上成长性很强的沿海港口。

2. 海洋产业链跨区域延伸创新模式初步形成

秦皇岛市全力推进"十三五"海洋经济创新发展示范区建设，截至 2019 年底，跨区域建立国家级、省级实验室与工程中心等涉海科技创新研发平台

38 个；唐山市首钢京唐钢铁联合集团有限责任公司和天津海水淡化与综合利用研究所于 2019 年签署战略合作协议；沧州市于 2020 年成功举办"海洋与水产研究所成立揭牌暨海洋产业与区域发展研讨会"。此外，在 2020 年"百家科研院所（大学）进唐山"活动中，中科院海洋研究所与河北维立方科技有限公司开展"复层矿脂包覆技术PTC"和"氧化聚合型包覆技术OTC"成果转化，联合北京科技大学等高校研发海洋腐蚀防护新技术、新材料，将材料防腐 3—5 年提升至 35 年以上，为海洋经济发展提供技术支撑。

3. 政府引导金融资本助力海洋经济发展

围绕海洋经济发展，2018—2020 年河北省财政厅每年安排 10 亿元用于沿海地区补助，支持黄骅港、曹妃甸港区、京唐港区、秦皇岛港口建设和集装箱运输发展，并筹措资金 30 亿元支持沿海高质量发展投资。2019 年，河北省地方金融监督管理局等五部门印发《关于银行业金融机构支持沿海地区发展奖励资金管理办法》的通知，引导金融机构助力海洋经济发展。

4. 东北亚地区经济合作窗口城市建设迈出坚实步伐

河北省转身向海、依港开放，致力于把唐山市建成东北亚地区经济合作窗口城市。目前唐山市是中国十佳开放发展城市，是构建开放型经济新体制综合试点试验城市；唐山港是世界一流综合贸易大港，航线通达 70 多个国家和地区。同时，中国（河北）自由贸易试验区的唯一沿海片区——曹妃甸自由贸易试验片区也于 2019 年成功获批。唐山曹妃甸片区依托港口辐射优势，加强与中东欧、日韩等国家的创新合作，建立国际海运快件监管中心、国际船舶备件供船公共平台，推动片区向海发展。

5. 海洋生态治理制度体系逐步建立

2019—2020 年，河北省相关部门先后印发、通过《河北省防治船舶污染海洋环境管理办法》《河北省人民代表大会常务委员会关于加强船舶大气污染防治的若干规定》《河北省海洋生态补偿管理办法》等近 10 项海洋综合治理法律法规、政策文件，夯实海洋生态环境保护的制度基础。

（三）辽宁省海洋经济发展特征

辽宁省位于东北经济区与京津冀都市圈的结合部，是面向东北亚开放的重要沿海区域，具有发展海洋经济的资源优势和区位优势。

1."海洋牧场"建设稳步推进

近些年，辽宁省大力发展现代海洋渔业，科学推进"海洋牧场"建设，确保海洋渔业健康可持续发展。2020年，第三届中国国际"海洋牧场"博览会、辽宁海洋渔业绿色发展学术论坛在大连成功举办，推进"海洋牧场"建设，助力渔业高质量发展；辽河口海洋产业绿色发展研讨会在盘锦成功举行，为盘锦"海洋牧场"建设提供理论和技术支撑。当前各地区的"海洋牧场"建设得以稳步推进。大连市的金普新区七顶山新时代、杏树屯鹏兴和长海县小长山岛中旺于2020年8月获批国家级"海洋牧场"示范区；葫芦岛市的龙港海域磨盘岛、兴城海域赫远于2021年1月获批国家级"海洋牧场"示范区；锦州市的"海洋牧场"逐步建立起可视化、智能化、信息化系统。

2.海洋科技创新平台日益健全

2019年7月，辽宁省海洋产业技术创新研究院成立，为建设海洋科技创新体系、增强海洋科技创新能力提供保障；2019年11月，渤海大学海洋研究院成立，为海洋领域的科技、文化需求提供科技供给；2020年12月，辽宁省产业技术研究院海洋生物资源利用与生态环境保护技术研究所成立，为海洋生物资源开发利用与生态环境保护提供技术支持。

3.大连市推动辽宁沿海经济带对外开放迈向新台阶

2019年5月，《辽宁"16＋1"经贸合作示范区总体方案》予以印发，辽宁充分发挥与中东欧合作的综合优势，打造"一带一路"经东北地区的完整环线；并支持大连、沈阳等市有实力的船舶海工企业与波兰、罗马尼亚等国家共同投资建厂，建立海外研发中心。随后，长兴岛港口岸于2019年10月通过国家验收正式对外开放，大连市借此契机提升贸易便利化水平，优化口岸营商环境，为建设东北亚国际航运中心作出重要贡献；中日（大连）地方发展合作示范区于2020年4月获批设立，大连市与日本地方双向开放合作进入新阶段；国内首条东亚至中亚商品车陆海联运新通道于 2021 年 2 月进入常态化运营，大连市面向东北亚地区的开放水平进一步提升。

4. 金融专项产品助力重点海洋产业发展

2020 年，中国银行大连市分行与大连市造船工程学会等联合签署《船舶与海洋工程科技创新服务合作协议》，助力船舶与海洋工程科技成果有效转化。2021 年，大连海事大学联合大连市政府、中国航海学会举办"航运金融助力东北亚国际航运中心高质量发展论坛"，助力航运业高质量发展；中国农业发展银行辽宁省分行与辽渔集团有限公司签订《金融专项合作协议》，助力打造海洋经济发展新空间和新动能。

5. 海洋资源环境监管日益严格

2020 年，辽宁省自然资源厅、财政厅联合印发《关于调整海域无居民海岛使用金征收标准的通知》，对Ⅰ级海域内生态环境有较大影响的用海方式，征收标准提高 4.5%—6%；同时自然资源厅对 589 座无居民海岛开展了新一轮摸底调查。2021 年，在国务院生态环境机构改革后，号称"史上最严环保地方法规"的第一部海洋环境保护法规——《大连市海洋环境保护条例》正式实施。

（四）山东省海洋经济发展特征

山东省是海洋资源丰富、海洋产业基础雄厚、海洋科技发达的海洋大省。山东省坚持新发展理念，坚持陆海统筹，深入实施海洋强省"十大行动"，海洋经济综合实力显著增强。

1. 海洋生物医药产业夺得头筹

山东省是海洋生物医药产业大省，聚集了中国 80%以上的海洋药物研究资源和力量，产业增加值超过 200 亿元，居全国首位。"十三五"期间，山东省创建了海洋药物制造业创新中心，建成了现代海洋药物、现代海洋中药等 6 个产品研发平台；管华诗院士团队自主研发的全球第 14 个（中国第 2个）海洋药物GV971 获批上市，"蓝色药库"重点新药BG136 顺利获得国家药品监督管理局药品审评中心（CDE）批准临床受理。目前山东省海洋生物医药产业坐拥多个国内唯一、全球第一：拥有国内唯一的国家级海洋药物中试基地——正大海尔制药，国内唯一的注射剂硫酸软骨素供应商——烟台东诚药业，全球最大的硫酸软骨素原料生产企业——烟台东诚药业。同时，全球最大的海藻生物制品产业基地就在青岛市，青岛海洋生物医药研究院和青岛啤酒股份有限公司还联合研制出国内首款海洋大健康饮品——王子海藻苏打水。

2. 海洋科技创新实力领跑全国

20 世纪 90 年代初，山东省在全国率先提出科技兴海战略，海洋科技创新实力强大。目前山东省拥有省级以上涉海科研院所 55 家，海洋领域驻鲁两院院士 22 名，省级以上海洋科技平台 236 个，其中国家级 46 个。"十三五"以来，山东省承担了全国近 50% 的重大海洋科技工程，如"透明海洋""问海计划"；主导及参与完成了 37 项国家科学技术奖项，占全国的 54%；突破了关键核心技术，使"蛟龙"号、"向阳红 01""潜龙一号""潜龙二号"等一批具有自主知识产权的深远海装备投入使用。此外，在 2019 年度国家科学技术奖评选中，山东省海洋领域获奖数在全国名列前茅；国内首座深远海智能化坐底式网箱"长鲸一号"落户长岛，首台大口径超低温LNG船用装卸臂交付使用，首个国家级 5G"海洋牧场"示范区"长渔一号""海洋牧场"平台正式启用。

3. 海洋领域国际交流合作不断深化

2019—2020 年，山东省成功举办世界海洋科技大会、中英海洋科技合作论坛、东亚海洋合作平台青岛论坛、中日海洋经济对接交流洽谈会等重大活动，搭建了高水平有特色的国际交流合作平台，拓展了海洋对外合作空间。目前山东省总投资 157 亿元，加快推进日本海之乐生物、港青大健康等 9 个涉海开放合作项目；全力打造的全球海洋中心城市——青岛，与加纳、塞内加尔、刚果（布）等 10 个国家建立了渔业合作项目，与美国、英国、俄罗斯等国家的世界知名海洋研究机构达成了 50 余项合作协议。

4. 产业基金助力海洋战略性新兴产业发展

2019 年山东省财政厅、省海洋局等 16 部门联合印发《关于支持海洋战略性产业发展的财税政策的通知》，明确指出充分发挥海洋产业基金作业，支持海洋企业挂牌上市，支持海洋企业发债融资等。随后各地方积极响应号召，青岛市设立了规模为50亿元的"中国蓝色药库开发基金"，用于创建山东海洋药物制造业创新中心，助力海洋生物医药业高质量发展；洪泰资本控股有限公司与山东海洋能源有限公司签订了规模为10亿元的山东（青岛西海岸新区）海洋产业基金项目，投资于山东海洋能源公司控股的太平洋气体船公司清洁能源运输业务，助力新区新旧动能转换；东营市设立了市首支海洋产业基金，投资于市新旧动能转换重点项目——东营市牧渔归陆上"海洋牧场"建设，助力市现代农业示范区大虾产业发展；威海市设立了省首支海洋生物医药产业投资基金，助力海洋生物医药业快速发展。

5."五个率先"推进海洋生态文明建设

在海洋生态文明建设方面，山东省率先建立全海域生态红线制度，率先实施海洋生态补偿机制，率先建立海洋环境监测体系，率先开展海洋生态文明示范区，率先创建海洋保护区。2019年，山东省率先实现沿海城市全部制定海岸带保护法规；青岛、日照、威海入选国家"蓝色海湾整治行动"城市。2020年，山东省29个渤海综合攻坚海洋生态修复项目全部开工；青岛市启动海洋综合管理平台；日照市实施港口岸线修复为生态岸线工程。目前，山东海洋生态文明建设取得实效，《2020年中国海洋生态环境状况公报》显示，山东近岸海域优质水质比重比2019年有所上升，劣四类水质比重有所下降，入海河流总氮平均浓度显著下降，现已不足2018年的一半。

三、北部海洋经济圈海洋经济发展趋势

（一）天津市海洋经济发展趋势

1. 打造海洋高端装备制造产业集群

《天津市海洋装备产业发展五年行动计划（2020—2024年）》指出，把海洋油气装备、高技术船舶装备、港口航道工程装备、海水淡化装备和海洋能开发利用装备作为未来 5 年要重点发展的高端产品，打造五大产业集群，计划实现产业规模从 2019 年的 200 亿元到 2024 年的 600 亿元的飞跃。《天津市国民经济和社会发展第十四个五年规划和二〇三五年远景目标纲要》指出，推进海洋工程装备等高端装备制造，海水淡化关键材料、核心装备、浓盐水综合利用等领域关键技术攻关；重点打造海洋工程装备制造产业链，推动形成海洋装备四大产业集群（海洋油气装备制造集群，高技术船舶装备制造集群，港口航道工程装备制造集群，海水淡化成套装备制造集群），建成国内海洋装备制造领航区。海洋油气生产装备智能制造基地也将于 2021 年 9 月在滨海新区建成投产。

2. 加快推进天津智港建设

2020 年 12 月，《天津市优化营商环境三年行动计划》指出，加快推动"天津智港"建设，打造智慧港口，营建智慧园区，推进"港城""产城"深度融合。《天津市新型基础设施建设三年行动方案（2021－2023 年）》指出，推进智慧港口建设，建成天津港北疆港区C段智能化集装箱码头，加快东疆港区智能化集装箱码头等项目规划建设，实现集装箱集疏运车货匹配、业务撮合、网上支付、轨迹跟踪，口岸通关效率达到全国领先水平。"十四五"时期，天津市将加快北方国际航运枢纽建设，到 2025 年，建成智慧绿色、居世界前列的海港枢纽。

此外，《天津市海洋经济发展"十四五"规划》也于 2021 年 6 月出炉，天津市将确定海洋经济"1 ＋ 4"发展定位，优化"双核五区一带"空间布局，推动构建现代海洋产业体系，强化海洋经济发展的支撑保障等。

（二）河北省海洋经济发展趋势

1. 着力推进沿海经济带建设

2019 年 3 月，《中共河北省委、河北省人民政府关于大力推进沿海经济带高质量发展的意见》指出，到 2022 年，基本建成全国富有竞争力的现代化港口群、富有特色的海洋经济新兴发展区、富有魅力的滨海生态宜居区；加快发展特色海洋经济和临港产业，实现GOP增速达到 10%以上等。2021 年 2

月，《河北省国民经济和社会发展第十四个五年规划和二〇三五年远景目标纲要》也明确指出，加大沿海经济带发展力度和大力发展海洋经济，坚持港口带动、陆海联动、港产城融合发展，大力发展临港产业，打造内通外联的海陆枢纽，打造现代化沿海城市等。

2. 加快推进沿海港口高质量发展

2019 年 12 月，河北省财政厅、省交通运输厅联合印发《关于加强河北省沿海港口集装箱运输补贴资金管理的通知》，将补助期限延长到 2022 年底，加快推进沿海港口集装箱运输高质量发展。2020 年 10 月，河北省交通运输厅印发《河北省智慧港口专项行动计划（2020—2022 年）》，推进秦皇岛港打造大宗货物智慧物流示范港，唐山港打造危险货物智能监管示范港、集装箱港车协同示范港，黄骅港打造无人化智能码头示范港。同时，《黄骅港总体规划（2016—2035）》指出，加快建设现代化综合服务港、国际贸易港；《唐山港综合贸易大港建设发展三年行动计划（2020—2022）》指出，努力建成服务重大国家战略的综合贸易港和面向东北亚开放的桥头堡，进而引领全域"向海发展"。

（三）辽宁省海洋经济发展趋势

1. 不断提高海洋经济的战略地位

2020 年 8 月，辽宁省将海洋经济发展规划由一般性规划调整为重点规划。2021 年 1 月，《辽宁省国民经济和社会发展第十四个五年规划和二〇三五年远景目标纲要》指出，坚持陆海统筹、经略海洋，大力发展海洋经济，壮大传统优势产业，发展海洋生物医药、海洋新材料、海洋清洁能源等新兴产业，推进海洋强省建设；并以大连为龙头，以丹东、锦州、营口、盘锦、葫芦岛等沿海城市为支撑，高质量创建辽东半岛蓝色经济区，深入推进辽宁沿海经济带开发开放。

2. 加快大连全球海洋中心城市建设

2020 年 4 月，《大连市加快建设海洋中心城市的指导意见》颁布，助力大连实现 2025 年建成中国北方重要的海洋中心城市、2035 年建成东北亚海洋中心城市的目标。2020 年 5 月，《大连 2049 城市愿景规划》指出，要将大连打造成为大气磅礴兼具时尚浪漫气质的海洋中心城市。作为辽宁海洋经济的"领头羊"，"十四五"期间，大连市将推动陆岛联动发展，打造全国领先的智能海洋装备产业基地，建设绿色高效智慧的国际性枢纽港。

（四）山东省海洋经济发展趋势

1. 全面推进海洋强省建设

建设国家海洋高质量发展示范区，是"十四五"时期山东省海洋发展的重要目标。"十四五"期间，山东省将坚持把海洋作为高质量发展的战略要地，更加注重经略海洋，加强海洋资源开发与保护，为海洋强国建设贡献山东力量。将以青岛港为龙头，日照港、烟台港为两翼，加快推进世界一流海港建设；以海水淡化利用业、海洋生物医药业、海洋装备工程制造业等为基础，不断完善现代海洋产业体系；以强化健全海洋综合治理制度体系为引领，持续优化海洋生态环境。将实施新一轮海洋强省行动方案，打造海洋经济改革发展示范区，推动海洋强省建设实现重大突破。

2. 着力打造知名海洋城市群

"十四五"期间，青岛市将全面推进国际海洋科技创新中心、国际航运贸易金融创新中心、现代海洋产业发展高地、深远海开发战略保障基地、海洋命运共同体先行示范区建设，加快建成全球海洋中心城市。烟台市将全面推进国家海洋高质量发展先行区、国际海工装备制造名城、国际仙境海岸文化旅游城市、国家"海洋牧场"建设示范城市和国际海洋经济合作示范区建设，打造国内领先、国际一流的海洋经济强市。威海市将建设全链条现代渔业产业体系，打造功能齐备的"海洋牧场"技术体系，构建全面发展的远洋渔业产业体系，建设创新型国际海洋强市。《日照市城市总体规划（2018－2035年）》也指出，将协调区域发展，做大做强海洋经济。

（五）北部海洋经济圈海洋经济总体发展趋势

北部海洋经济圈作为北方地区对外开放的重要平台，将不断提高面向东北亚地区的对外开放水平，不断深化与中日韩等东北亚地区（国家）在海洋领域的交流合作，打造面向东北亚地区开放的海上通道。作为青岛港、天津港、唐山港、大连港等一流大港的聚集地，将不断加强港口战略合作，建设世界一流的港口群、世界领先的高端船舶与海工装备制造业基地。作为京津冀协同发展、黄河流域生态保护和高质量发展的战略要地，将发挥海洋科研集聚优势，打造海洋科技创新研发基地；巩固渤海治理攻坚战成果，探索区域综合治理的长效机制，打造国际知名"蓝色海湾"。作为丰富的海洋资源聚集地，将逐步推进渤海油气资源开发利用，大力发展现代生态渔业、海洋药物与生物制品业、海水淡化与利用业等海洋新兴产业。

（执笔人：郑慧）

2
东部海洋经济圈海洋经济发展形势

一、东部海洋经济圈海洋经济发展现状

东部海洋经济圈地处我国沿海地区的中心区位，包括上海、江苏、浙江沿岸及海域。凭借优越的地理位置，东部海洋经济圈具有完善的港口航运体系，海洋经济开放程度高，不仅是我国融入全球经济的重要地区，同时也是亚太地区经济发展的国际门户。

（一）东部海洋经济圈海洋经济发展规模

1.海洋生产总值

2016—2020年，东部海洋经济圈海洋生产总值增加，但增速有所放缓。2020年，东部海洋经济圈海洋生产总值达到25698亿元，相较于2016年增加了29.1%。海洋生产总值占该区域GDP的比重相对稳定，在13%左右小幅波动。从海洋生产总值的变化趋势来看，2020年东部海洋经济圈海洋生产总值同比略微下降，其原因主要在于新冠肺炎疫情的冲击。即便如此，东部海洋经济圈海洋经济仍是全国海洋经济发展的重要力量，该区域海洋生产总值占全国海洋生产总值的比重由2016年的28.1%增加至2020年的32.1%。增速方面，东部海洋经济圈海洋生产总值的增长速度呈现M型，整体处于下

降趋势。2017 年和 2019 年处于海洋生产总值增长速度的较高水平，分别为 15.3%和 13.4%；2018 年，受中美贸易摩擦影响，该区域海洋生产总值增速明显下降，为 5.7%；2020 年，由于新冠肺炎疫情冲击，东部海洋经济圈海洋生产总值增速首次出现负增长（图 4-2-1）。

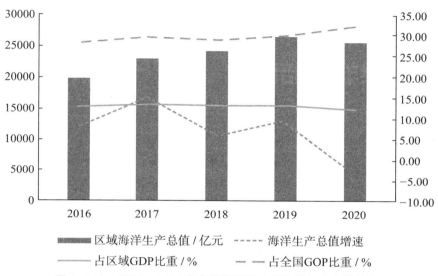

图 4-2-1　2016—2020 年东部海洋经济圈海洋经济发展趋势
数据来源：《中国海洋统计年鉴》《中国海洋经济统计公报》

2. 主要海洋产业增加值

2016—2019 年，东部海洋经济圈主要海洋产业保持稳步增长。受新冠肺炎疫情影响，2020 年主要海洋产业增加值同比下降，为 8578 亿元，但较 2016 年增长了 22.6%。主要海洋产业增加值占该区域海洋生产总值的比重则保持相对稳定，在 33%—39%范围内浮动，但 2018 年以来有下降的趋势。就其构成而言，海洋旅游业、海洋交通运输业、海洋船舶工业以及海洋渔业增加值占东部海洋经济圈主要海洋产业增加值的比重依次为 43.0%、25.9%、10.7%和 10.4%，是东部海洋经济圈海洋经济发展的支柱产业。东部海洋经济圈主要海洋产业增加值的增速在 2016—2018 年维持在 7%—8%，2019 年为 5.25%，变化幅度不大，而 2020 年出现了负增长，增速为-8.1%，其受影响程度高于该区域海洋生产总值（增速为-3.3%），说明在东部海洋经济圈中主要海洋产业受新冠肺炎疫情影响的冲击较大（图4-2-2）。

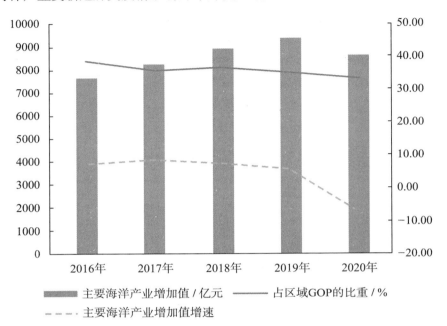

图4-2-2　2016—2020年东部海洋经济圈主要海洋产业发展趋势
数据来源：《中国海洋统计年鉴》、国家海洋局东海信息中心

（二）东部海洋经济圈海洋经济发展结构

1. 海洋产业结构

2016—2020年，东部海洋经济圈海洋经济第一产业和第二产业增加值较为稳定，第三产业增加值增量最多，产业结构持续优化。第一产业增加值所占比重最少，占该区域海洋生产总值的比重在4%左右；第二产业增加值占该区域海洋生产总值的比重在36%左右。2020年，第一产业增加值较上年有了小幅增加，第二产业和第三产业增加值则出现轻微回落。第三产业增加值占该区域海洋生产总值的比重由2016年的56%上升至2020年的60.7%，是东部海洋经济圈海洋经济发展的主要力量。从三次产业结构比来说，三次产业比例由2016年的4.5：39.5：56变为2020年的4.1：35.2：60.7，第一产

业和第二产业的份额下降，第三产业份额增加，形成"三、二、一"产业结构布局并基本保持稳定。由此，东部海洋经济圈海洋产业结构维持在合理区间内，并且在不断优化（图4-2-3）。

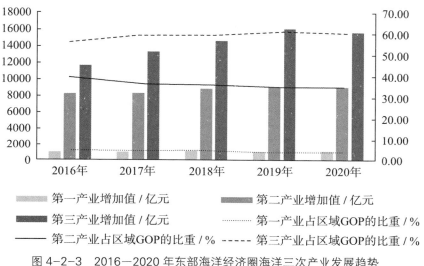

图4-2-3　2016—2020年东部海洋经济圈海洋三次产业发展趋势
数据来源：《中国海洋统计年鉴》、国家海洋局东海信息中心

2. 海洋经济空间结构

东部海洋经济圈海洋经济的空间分布较为均衡，上海领先发展。2016—2020年，东部海洋经济圈各省市海洋经济生产总值的变化趋势基本一致，各省市间海洋生产总值的差距较小。其中，上海市是东部海洋经济圈海洋经济发展的领头羊，占该区域海洋生产总值的36%左右；其次是浙江省，占该区域海洋生产总值的32%左右；江苏省排在第三位，占该区域海洋生产总值的30%左右。由以上数据可以看出，各省市之间海洋经济发展成效较为接近。从各省的海洋生产总值增长方面来看，2020年江苏省在东部海洋经济圈中表现最佳。相比于上海市和浙江省，江苏省全年的海洋生产总值仍保持增长趋势，海洋生产总值占该区域海洋生产总值的比重也有所增加，可见其海洋经济发展迸发出较强的韧性（图4-2-4）。

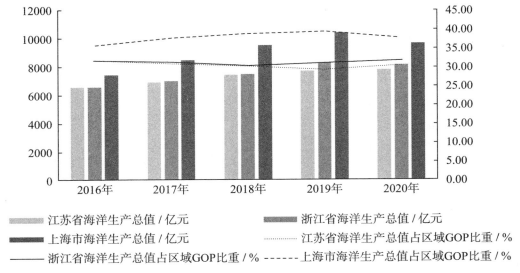

图 4-2-4　2016—2020 年东部海洋经济圈海洋经济空间结构发展趋势

数据来源：《中国海洋统计年鉴》、国家海洋局东海信息中心

二、东部海洋经济圈海洋经济发展特征

（一）江苏省海洋经济发展特征

江苏省处于我国"一带一路"交汇点，具有连接南北、沟通东西的重要战略地位。2020 年，江苏省统筹新冠肺炎疫情防控和海洋经济发展，海洋生产总值同比增长 1.4%，是少数实现正增长的省份之一，海洋经济对江苏国民经济增长的贡献率为 2.6%。目前，江苏省海洋经济发展逐步恢复、结构持续优化，海洋经济高质量发展态势不断巩固。

1. 江海联动，非沿海设区市抢占海洋经济的"半壁江山"

江苏省充分发挥海陆统筹、江海联动作用，非沿海地区的海洋经济发展成效显著，占全省海洋经济总量的 47.4%。2020 年，江苏沿海地区（南通、盐城、连云港）海洋生产总值为 4116.4 亿元，同比增长 0.9%，占全省海洋生产总值的比重为 52.6%；非沿海地区的海洋生产总值达到 3711.6 亿元，占全省海洋生产总值的 47.4%。其中，沿江地区（南京、无锡等 7 市）海洋生产总值 3640.9 亿元，同比增长 2.0%，占全省海洋生产总值的比重为 46.5%；非沿海沿江地区（徐州、淮安、宿迁）海洋生产总值为 70.7 亿元，同比增长 0.8%，占全省海洋生产总值的比重为 0.9%。此外，依托长江南京以下 12.5 米深水航道，江苏沿江港口全部由"江港"变成了"海港"。2020 年，全省沿海沿江港口完成货物吞吐量 24.9 亿吨，同比增长 3.1%；集装箱吞吐量 1837 万标箱，同比增长 0.4%；重点监测的海洋船舶工业企业新承接订单量为 1377.5 万载重吨，同比增长 12.5%，充分发挥了供应链物流能力优势。

2. 海洋产业结构持续优化，数字化赋能产业创新升级

截至 2020 年，江苏省数字经济规模位居全国第二位，数字技术不断与先进制造业、新材料、新能源等技术融合，推动产业向数字化、智能化方向发展，助力海洋产业结构持续优化。从三次产业结构来看，2020 年第一产业增加值为 438.4 亿元，第二产业增加值为 3773.1 亿元，第三产业增加值为 3616.5 亿元，分别占江苏海洋生产总值的 5.6%、48.2% 和 46.2%。产业数字化规模超过 2 万亿元，服务业信息化水平不断提高。从海洋产业创新升级来看，国内首个数字化、智慧化海上风力发电场在江苏盐城市实现并网运行；海洋船舶工业利用"5G＋AR"等信息技术手段，创新运用"云检验""云交付""云签约""云发布"等工作方式，在保交船、争订单方面成效显著。此外，以促进深海可持续开发利用和海洋安全重大需求为导向，江苏省开展了包括深海通信导航（深网）在内的重大科技任务攻关，构建关键核心技术融合创新体系，重点打造"深海技术科学太湖实验室"。

3. 海洋船舶工业提质增效，实现恢复性增长

2020 年，江苏省造船完工量、新承接订单量、手持订单量三大造船指标居全国之首。具体来看，全省造船完工量为 1732.5 万载重吨，新承接订单量为 1377.5 万载重吨，手持订单量为 2836.6 万载重吨，分别占全国的比重为 45%、47.6% 和 39.9%。其中，泰州造船完工 91 艘 916.36 万载重吨，分别占全省、全国和全球的 52.9%、23.8% 和 10.42%，船舶企业新接订单 80

艘 497.83 万载重吨，分别占全省、全国、全球的 36.1%、17.2% 和 9.5%，手持订单 161 艘 1312.3 万载重吨，分别占全省、全国、全球的比重为 46.3%、18.5% 和 8.3%；南通新造船舶 66 艘，运输类船舶 51 艘、海工产品 15 艘，载重吨达 315.2 万吨，同比呈现大幅增长；扬州造船完工量 510 万载重吨，约占全省 30%、全国 10%。同时，扬子江船业 2020 年造船完工量为 442.53 万载重吨，成为 2020 年度江苏省首台（套）重大装备认定企业，公司集装箱轮制造水平跻身全球前三强。

4. 海上风电产业迅猛发展，发电量增长 40.7%

2020 年，江苏省海洋电力业增加值同比增长 22%，是其海洋新兴产业中增长最快的产业。同年，江苏省海上风电累计装机容量达 572.7 万千瓦，同比增长 35.4%，占全国 60% 左右，稳居全国第一；海上风电发电量达 112 亿千瓦时，同比增长 40.7%，装机容量和发电量均位居全国前列。江苏省科技厅通过科技成果转化资金等措施支持和引导风电领域骨干企业发展，其中在南通市实施省科技成果转化项目 7 项，投入 5400 万元，带动企业新增投入 12.2 亿元。据《南通日报》报道，南通市已投产风电项目 22 个，并网规模 250 万千瓦，其中海上风电项目 9 个、陆上风电项目 13 个。南通市风电总装机容量约占江苏省的 1/3、海上风电装机容量约占全国的 1/4，吸引了龙源集团、华能集团、三峡集团、国家电投、中广核集团、中国水电等一批风电开发企业落户。目前，江苏如东海上风电柔性直流输电工程平台三层已经顺利搭载，为世界上首个 ±400 千伏海上风电柔性直流输电工程按期推进奠定了基础。

（二）上海市海洋经济发展特征

上海市是世界闻名的港口城市之一。优越的地理位置使得上海市对内可以沟通长江中上游的 12 个省市，对外还可与全球 200 多个国家和地区的 300 多个港口相联系，这也是上海市海洋经济发展成效显著的重要原因。近年来，上海市围绕"十三五"规划目标，积极推进长三角地区海洋经济高质量一体化发展，不断促进海洋经济高质量发展。

1. 海洋生产总值突破万亿元，连续多年位居前列

近年来，上海海洋经济发展卓有成效，海洋经济总量连续多年位居全国前列。据上海市海洋局的数据统计，2019年上海市海洋生产总值达到10372亿元，占上海全市GDP的27.2%，占全国海洋生产总值的11.6%，在东部海洋经济圈中率先突破万亿元。根据南方财经全媒体集团智库发布的《中国城市海洋发展指数报告（2019）》，上海市海洋经济发展综合排名第一位，领衔我国东部海洋经济圈、北部海洋经济圈以及南部海洋经济圈城市。同时，上海市拥有全国数量最多的涉海上市企业，涉海单位数量大，110家海洋企业年产值达50亿元，其中半数企业市值超过百亿，上海国际港务（集团）股份有限公司等入围中国500强企业，涉海产业经济基础雄厚。

2. 形成"两核三带多点"的海洋产业布局，两核驱动成效明显

上海市海洋资源为其海洋建设提供了重要支撑，海洋产业转型升级成效显著。"两核三带多点"产业布局分别是临港海洋产业发展核、长兴海洋产业发展核，杭州湾北岸产业带、长江口南岸产业带、崇明生态旅游带，北外滩、陆家嘴航运服务业等多点。其中，临港、长兴岛海洋产业发展驱动效应明显。临港逐步成为海洋工程装备产业和战略性新兴产业集聚区域，海洋科技资源集聚、研发孵化和成果转化等促进效果明显，在特种船舶、海底观测探测设备等领域取得了领先的产品成果。长兴岛则是我国重要的船舶、海洋装备制造基地，包括江南造船、沪东中华等产业基地。入驻于此的多家企业自主研发制造出深远海（极地）科学考察船、深海钻井平台等高技术装备。长兴岛还利用优质资源发展海洋新兴科技、海洋产品创新研制等产业，不断注入发展动力。

3. 海洋科技创新基础雄厚，海上救援设备技术率先实现国产化

上海市海洋科研、教育以及创新资源丰富，取得了众多海洋科技创新成果，其中在海上救援设备技术方面，雄程海洋工程公司首次自主研发出带有六自由度波浪补偿功能、可转移人员和运送货物的海上登靠步桥。在海洋科技创新资源方面，上海市拥有上海交通大学、复旦大学、同济大学、上海海事大学等多所涉海院校。同时，上海市已成为全国船舶海工研发设计中心，是我国船舶与海洋工程装备产业综合技术水平和实力最强的地区之一，拥有国家工程技术研究中心2家、市级重点实验室和工程技术研究中心20余家，先后建立上海市海洋科技研究中心、数字化造船国家工程实验室、海洋工程材料与防护技术研究中心等国家级重点实验室，在海工、深海、大洋、极地领域有较强的科研力量。海洋科技创新成果方面，上海市实现了海底观测网、无人艇、甘露寡糖二酸（GV-971）海洋新药、深水油气钻采系统、洋山港四期自动化码头、"天鲲号"大型绞吸疏浚装备、全球首艘23000标箱LNG动力集装箱船等一批重大海洋能科技创新成果。

4. 港口贸易逆势攀高，上海港集装箱吞吐量连续11年世界第一

2020年，上海市已成为具有全球资源配置能力的国际航运中心。上海港全年集装箱吞吐量逆势达到4350万标准箱，连续11年位居世界第一；在新华社中国经济信息社联合波罗的海交易所发布的《新华·波罗的海国际航运中心发展指数报告（2020）》排名中，上海首次跻身国际航运中心前三名。同年，在全球贸易及港口运营均遭受新冠肺炎疫情的影响时，上海海关通过采取多种措施助力港口贸易发展。在上海外高桥港区，外港海关深入推进"两段准入""两步申报""无陪同查验制度改革"等举措以稳外贸、促发展；吴淞海关助力企业应对国际竞争，对大型项目货物进出口制定科学的监管预案和个性化的服务措施，全年进出口达到2.58万标箱，逆势增长9.5%；洋山海关不断创新服务模式，除基本的快速通关措施以外，洋山海关实行了从传统申报到"两步申报"、从汇总征税到自报自缴的改革，2020年，洋山港集装箱吞吐量首次突破2000万标箱。以上数据表明，即使在新冠肺炎疫情的影响下，上海港口贸易也在逆势攀升。

（三）浙江省海洋经济发展特征

浙江省处于我国东部海岸线与长江水道的T字型交汇处，是长江与外海联通的唯一通道，可承启内外、牵引南北，也是长江经济带的门户。海洋是浙江省的优势资源，一直以来，浙江省不断发展海洋经济，致力于建设海洋经济强省。2016—2020年，浙江省海洋生产总值平均每年增长8.3%左右，综合实力持续提高。

1. 海洋经济发展示范区引领作用明显，带动全省发展

温州海洋经济发展示范区和宁波海洋经济发展示范区积极发挥主体作用，海洋经济发展成效显著，成为浙江省海洋经济发展的重要增长点和海洋强省建设的重要功能平台。2020年，浙江省海洋生产总值占地区生产总值的比重超过14%，高于全国平均水平4—5个百分点，占全国的比重提升至9.8%。其中，浙江省温州市海洋生产总值为1200亿元，占地区生产总值的比重为17.5%，高于浙江省平均水平近3.5个百分点；浙江省宁波市海洋生产总值为1674亿元，同比增长5.9%，占地区生产总值的比重为13.5%。在示范区的相关政策支持下，浙江省吸引了众多优秀涉海项目和企业落地示范区。例如，国际船级社协会成员之一的波兰船级社中国总部、全球第二大船旗国——利比里亚海事局中国技术中心、DNV-GL大中华南区检验中心落户宁波；温州海洋经济发展示范区引进电子信息、生物医药、激光与光电、新材料等领域企业50余家。

2. 海洋基础设施网络不断完善，推进海洋经济开放合作

为促进海洋经济高质量发展，浙江省不断完善铁路、轨道、公路、港航等交通基础设施建设。2019年以来，甬金铁路开工建设，通苏嘉甬铁路、甬舟铁路建设正式启动，六横公路大桥一期工程开工建设，甬台温高速复线开通投用，宁波舟山港主通道主体合龙，甬舟高速公路复线方案通过论证。涉海水利能源设施稳步推进，大陆引水、油气管网设施加快建设。与此同时，浙江省深入对接"一带一路"港口建设，成功承办了第五届海丝港口国际合作论坛，期间完成了多项有关海洋发展的签约，共同谋求合作共赢，例如普洛斯投资（上海）有限公司与浙江省海港集团的签约。浙江省还积极推进长三角区域港口合作，省海港集团与上港集团签署小洋山开发协议。在开放合作方面，2020年全省完成保税燃料油供应599万吨，较2017年增长136.8%。

3. 宁波舟山港货物吞吐量全球"12连冠"，实力强大

港口航运是近些年来浙江海洋经济发展的亮点。2020年全省沿海港口完成货物吞吐量14.1亿吨。据交通运输部的数据显示，宁波舟山港完成货物吞吐量 11.72 亿吨，比上年增长 4.7%；完成集装箱吞吐量 2872 万标准箱，比上年增长 4.3%。其货物吞吐量连续 12 年稳居全球第一，集装箱吞吐量跃居全球第三，新华·波罗的海国际航运中心发展指数从 2016 年的第 23 位跃升至 2020 年的第 11 位。宁波舟山港着力发展集装箱复合运输业务，海河联运、海铁联运已实现集装箱业务由内河运输向绍兴、金华和衢州等地扩散。2020 年，铁路穿山港站的启用充分发挥了宁波舟山港多个港区直通铁路的优势，海铁联运班列总数共有 19 条，与全国 15 个省市（自治区）、56 个地级市均有业务往来。同年，宁波舟山港集装箱海铁联运业务量首次突破 100 万标准箱，同比增长 24.2%。

4. 践行生态护海，打造良好生态环境

浙江省海洋经济发展注重海洋生态文明建设，努力实现人海和谐。近年来，浙江省坚持开展海洋生态保护工作，修复海洋生态环境，通过一系列举措成为全国海洋生态保护的标杆省份。加强入海污染物总量控制，实施海洋生态红线制度和沿海滩涂"滩长制"管理，组建浙江省海岸线管理办公室，构建海洋生态综合评价指标体系，严厉打击海洋违法活动等，在建设海洋强省的过程中充分贯彻了"生态优先、绿色发展"的理念。截至 2019 年底，浙江省已经完成修复海岸线 176 千米。据《2020 年浙江省生态环境状况公报》显示，全省近岸海域环境总体改善，一、二类海水优良率达到历史最好水平。2020 年全年一、二类海水面积占比 43.4%，三类海水面积占比 13.4%，与上年相比，一、二类海水面积占比上升 11.4 个百分点，三类海水面积占比上升 2.4%，劣四类海水面积占比下降 14.1%。

三、东部海洋经济圈海洋经济发展趋势

（一）江苏省海洋经济发展趋势

1. 江海联动将进一步深化

江苏省将系统谋划江海地区高质量发展，不断加强陆海统筹，支持并带

动全省范围的经济发展。近年来，包括江苏省在内的长三角地区沿海内河港口联动，已形成分工协作、高效衔接的江海联运新发展格局。江苏省南通市的通州湾江海联动开发示范区发挥了重要作用，通州湾成为江苏沿海便捷高效的大型出海通道和江海联运枢纽。随着国际国内"双循环"新发展格局加快构建以及长三角地区一体化发展全面推进，江苏省将在港产城联动发展的基础上逐步建立起沿海海洋产业核心带，加快传统优势产业升级发展，不断促进海洋产业在内地的延伸，涉海产能合作将不断强化。

2. 海洋产业结构将继续优化

江苏省将推进海洋产业合理布局和协调发展，形成各具特色、优势互补、集聚发展的格局。目前，江苏省坚持绿色发展的理念持续推动"海洋牧场"建设，养护海洋生物资源，有序发展海洋渔业等产业。第二产业发展优势突出，海洋工程装备产业链是江苏省的优势制造业集群。依托制造业较强的基础优势以及海洋龙头企业的带动，海洋工程装备制造业产品结构将不断改进，逐步实现中高端发展；大力支持海洋交通运输、海洋旅游和高技术高附加值船舶制造。与此同时，海洋药物和生物制品、海洋新能源、海洋新材料、海洋信息服务等海洋新兴产业也将得到重视，得以进一步发展。

3. 海洋公共服务供给体系建设将日趋完善

江苏省将不断推进海洋公共服务的多元化，为海洋经济发展提供强有力的集中支持。"十三五"期间，江苏省完善了涉海基础设施和公共服务体系建设，围绕海洋产业发展需求，重点加强了港口物流、海洋信息、防灾减灾等重大基础设施建设。在此基础上，江苏省不断推进适应海洋经济发展需要的交通、电力、水利、信息通信等公共服务基础设施建设运营，完善公共服务平台建设，助力海洋关键技术研发以及海洋科技成果转化。此外，通过组建国有海洋投资企业等方式，重点扶持海洋新兴产业、现代海洋服务业发展。

4. 海洋产业投融资服务平台将不断提升

江苏省将不断完善海洋产业投融资服务平台建设。在国家八部委《关于改进和加强海洋经济发展金融服务的指导意见》的指导下，江苏省不断加强与国家开发银行江苏省分行、农业发展银行江苏省分行、省农业银行、省邮储银行等金融机构合作，形成有效的工作协调机制，建立、完善涉海企业名录和海洋产业投融资项目库，挖掘优质涉海项目，引导金融扶持方向。随着涉海企业队伍不断发展壮大，一系列措施将推动金融精准服务海洋经济发展。例如，推动保险、风险投资等机构建立海洋投贷保联盟，为涉海企业增加融资渠道。

（二）上海市海洋经济发展趋势

1. 海洋经济实力将持续提升

上海市将引领区域港航协同发展，加强港口与长三角地区间的联运合作，使海洋经济实力进一步提升。目前，上海市海洋经济总量保持平稳增长，在临港、长兴的双轮驱动下，其海洋经济发展成效显著。上海市将不断朝着创建全球海洋中心城市的目标迈进，充分发挥自身优势，以资本为纽带强化沪浙等长三角地区的分工合作，实现协同发展，例如，上海市与浙江联合实施小洋山北侧综合开发，与江苏共同推进沿江、沿海多模式合作。同时，上海市将继续研究推动港区转型升级，加强长江口航道建设，构建经济高效的集疏运系统。因此，海洋经济实力将持续提升。

2. 海洋新兴产业规模将不断扩大

海洋新兴产业成为海洋经济发展新动力，上海市将持续推动海洋新兴产业发展。目前，上海市在巩固发展以海洋交通运输业、海洋工程装备制造业为代表的现代海洋产业体系的同时，大力发展海洋工程装备等海洋新兴产业，研制深海潜水器、海洋生物疫苗、海水淡化设备及海洋新材料等。随着上海市海洋经济创新力量的增强以及新型海洋产业投融资体制的逐步完善，海洋新兴产业发展的基础逐步夯实。上海市将持续发展海洋高端装备制造，打造"海洋牧场"装备等高附加值产品，提升长兴岛在船舶与海洋工程装备制造中的国际竞争力。此外，在现代服务业和先进制造业具有明显优势的情况下，上海市的一系列海洋新兴产业发展将被引领带动起来。

3. 海洋科技创新能力将得以夯实

上海市将加强重点领域科技攻关，大力发展海洋高新技术，推动海洋科技协同创新。近年来，上海科技兴海基地和平台建设明显推进，临港海洋高新技术产业化基地被认定为首个"国家科技兴海产业示范基地"，并成立了多个技术研究中心，为相关产业发展和技术创新提供了支持。由于海洋科技创新资源雄厚，上海市将以建设具有全球影响力的科技创新中心为契机，加快实施创新驱动发展战略，通过科技兴海基地、工程技术研究中心的培育和发展，不断提升海洋科技进步对经济发展的支撑能力，进一步从整体上实现海洋科技创新从"跟跑者"向"并跑者"和"领跑者"转变。

4. 国际航运中心将进一步巩固

上海市将深入建设全球领先的国际航运中心，发展海洋经济，服务海洋强国战略。在全国各方面的支持下，上海港在国际上已成为集装箱航线最多、航班最密、覆盖面最广的港口；众多国际知名机构或者全球性航运企业云集上海市；一大批具有全球影响力的国际性高端航运服务机构云集上海市；口岸服务效率明显提升，为建成国际航运中心创造了有利条件。随着国际开放程度的提升，上海市充分发挥处于长三角地区的优势条件，将港口集装箱吞吐量维持在较高水平，为航运要素集聚提供物流基础；同时，上海港集疏运体系不断优化，促进港城融合发展。

（三）浙江省海洋经济发展趋势

1. 陆海统筹发展新格局将有序构建

浙江省将继续发挥海洋经济优势，构建"一环、一城、四带、多联"的陆海统筹海洋经济发展新格局。自建设海洋强国的战略提出以来，浙江省不断通过海洋经济发展示范区辐射带动周边地区的发展，促进陆海联动与协调发展。基于我国陆海兼备的基本国情，陆海统筹是实施海洋强国战略的题中应有之义，浙江省将突出环杭州湾海洋科创核心环的引领作用，全力打造全球海洋中心城市，充分发挥宁波国际港口城市优势，坚持海洋港口、产业、城市一体化推进，形成临港产业发展带、生态海岸带、金衢丽省内联动带以及跨省域腹地拓展带。

2. 海洋经济对外开放能力将不断提高

浙江省将不断增强海洋经济对外开放能力，共构"一带一路"国际贸易物流圈。近年来，浙江省积极探索加强全球经济资源配置的发展路径，不断扩大全球合作版图。加快与德国的高科技战略计划对接，深度融合与英国间的服务贸易，开展与澳大利亚的农产品特色合作等。为积极提升其在全球价值链中的地位，浙江省将深化与东南亚、南亚、中东欧等"一带一路"沿线国家（地区）合作，深化与长江沿线各港口城市合作；坚持宁波舟山港与上海港"双核并强"发展格局，进一步推动区域跨境贸易通关便利化、投资政策透明化。

3. 宁波舟山港将打造世界一流强港

作为国内沿海主要港口和国家综合运输体系的重要枢纽，浙江省将努力把宁波舟山港打造为世界一流强港。相比于其他港口，宁波舟山港可以通过协同方式，集成资源再配置，通过管理、人才、资金等输出，发挥其他浙江沿海港口集群优势，进一步推进港口发展。宁波舟山港已成为我国南方海铁联运第一大港。为推进港口贸易的深度融合发展，浙江省将完善世界一流港口设施，创建智慧绿色平安港口，持续提升宁波舟山港在国际货运体系中的枢纽地位；着力打造宁波东部新城和舟山新城两大航运服务高地，打造一批航运服务新载体；创建多式联运示范港，加快海港、空港、陆港和信息港"四港"联动发展。

4. 海洋生态文明建设将进一步提升

浙江省将加强海洋空间资源保护修复以及近岸海域污染治理，提升海洋生态保护水平。一直以来，浙江省致力于构建良好的海洋生态环境。目前，浙江省已完成修复海岸线176千米，在122个入海排污口全部安装了在线监测设备。在国家倡导海洋可持续发展的背景之下，浙江省将继续落实海洋生态环境保护工作，加强沿海码头环卫设施与城市污染防治设施衔接，加强入海排污口整治提升，完善陆源污染入海防控机制；推进海岸带保护修复工程，构建海洋生态综合监测评价指标体系。

（四）东部海洋经济圈海洋经济发展总体趋势

目前，我国东部海洋经济圈经历着从"速度东部"到"效益东部"的新跨越。2019 年中共中央、国务院联合印发的《长江三角洲区域一体化发展规划纲要》指出，要加快推进信息基础设施互联互通，促进资源要素跨区域有序自由流动，两省一市实施的改革创新试点示范成果，均可在示范区推广分享，东部海洋经济圈协同发展程度将进一步提高，逐渐形成优势互补、各具特色、共建共享的协同发展格局。根据《浙江省海洋经济发展"十四五"规划》和《上海市国民经济和社会发展第十四个五年规划和二〇三五年远景目标纲要》，各省市将立足于长三角区域一体化，实现省际区域间的优势互补，坚持"以上海为中心、苏浙为两翼、长江流域为腹地"的发展格局，在巩固上海港核心引领地位的同时仍需要加强与长三角地区的联合运输合作，不断推进江海联动、陆海联运，进一步将海洋经济优势向内陆腹地延伸，深化与长江沿线及内陆省份的开放融合，全面形成跨省域商贸物流网络，东部海洋经济圈的竞争力也将得到提升。

（执笔人：王垒）

3
南部海洋经济圈海洋经济发展形势

一、南部海洋经济圈海洋经济发展现状

（一）南部海洋经济圈海洋经济发展规模

南部海洋经济圈由福建、珠江口及其两翼、北部湾、海南岛沿岸及海域组成，行政区划上对应福建省、广东省、广西壮族自治区和海南省。该区域海域辽阔、资源丰富、战略地位突出，是全国改革开放先行区、内地与港澳地区深度合作核心区、西部陆海新通道门户枢纽和中国特色社会主义先行示范区，也是我国保护开发南海资源、维护国家海洋权益的重要基地。

1. 海洋生产总值

2016—2020 年，南部海洋经济圈海洋生产总值整体表现稳定，占该区域GDP的比重稳定在 18%左右。2020 年南部海洋经济圈海洋生产总值为30927 亿元，与 2016 年相比增长 17.3%。2020 年受新冠肺炎疫情影响，南部海洋经济圈海洋生产总值出现小幅下滑，但其占全国海洋生产总值的比重持续上升，由 2016 年的 37.8%增加至 2020 年 39.0%（图 4-3-1）。

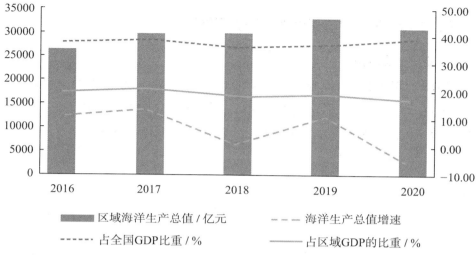

图 4-3-1　2016—2020 年南部海洋经济圈海洋经济发展趋势
数据来源：《中国海洋统计年鉴》《中国海洋经济统计公报》

2. 主要海洋产业增加值

2016—2020 年，南部海洋经济圈主要海洋产业增加值相对稳定，占海洋生产总值的平均比重为 38%。2020 年主要海洋产业增加值为 10927 亿元，较 2016 年增长 5.5%。其中，海洋旅游业、海洋渔业、海洋交通运输业为南部海洋经济圈支柱产业，其增加值占主要海洋产业增加值的比重分别为 55.3%、18.8% 和 13.8%（图 4-3-2）。

图 4-3-2　2016—2020 年南部海洋经济圈主要海洋产业发展趋势
数据来源：《中国海洋统计年鉴》、国家海洋局南海信息中心

（二）南部海洋经济圈海洋经济发展结构

1. 海洋产业结构

2016—2020 年，南部海洋经济圈第三产业发展势头强劲，海洋产业结构持续优化，"三、二、一"产业结构布局保持稳定。2020 年三次产业占比分别为 5.4∶27.7∶66.9，与 2016 年相比，第二产业的份额下降，第三产业份额显著增加（图 4-3-3）。

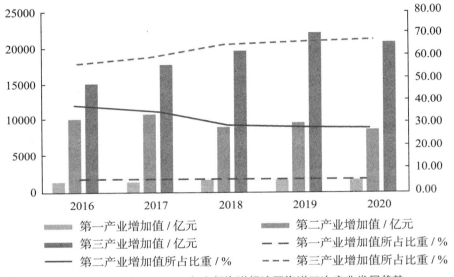

图 4-3-3　2016—2020 年南部海洋经济圈海洋三次产业发展趋势
数据来源：《中国海洋统计年鉴》、国家海洋局南海信息中心

2. 海洋经济空间结构

南部海洋经济圈海洋经济发展以广东为龙头，福建次之。2016—2020 年，广东、福建、广西、海南海洋生产总值占南部海洋经济圈海洋生产总值的平均比重分别为 57.7%、32.8%、4.9%、4.6%。其中，广东海洋生产总值占比由 2016 年的 60.6% 下降为 2020 年的 55.7%，福建海洋生产总值占比由 2016 年的 30.3% 上升为 2020 年的 33.9%，广西和海南海洋生产总值占比在研究区间内相对稳定（图 4-3-4）。

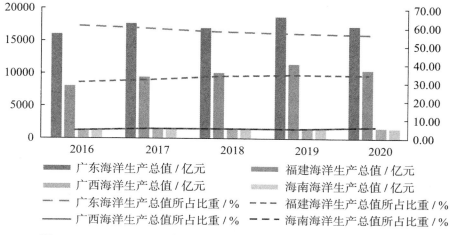

图 4-3-4　2016—2020 年南部海洋经济圈海洋经济空间结构发展趋势
数据来源：《中国海洋统计年鉴》、国家海洋局南海信息中心

二、南部海洋经济圈海洋经济发展特征

（一）福建省海洋经济发展特征

福建省海洋资源得天独厚，海域面积 13.6 万平方千米，大陆海岸线 3752 千米，居全国第二位；可建万吨级以上泊位的深水岸线 210.9 千米，居全国首位；全省有海岛 2214 个，居全国第二位，具有发展海洋经济的独特优势。

1. 渔业经济指标居全国前列，远洋渔业发展迅速

渔业供给侧结构性改革稳步推进，远洋渔业综合竞争力居全国前列。2019 年全省渔业经济总产值 3235 亿元、水产品总产量 815 万吨，均居全国第三；水产品人均占有量、水产品出口额、远洋捕捞产量等多项指标居全国第一。大黄鱼、鲍鱼、江蓠、海带、紫菜、河鲀、牡蛎等特色优势品种养殖产量居全国首位，十大特色养殖品种全产业链产值突破千亿元。"十三五"期间，全省累计建成环保型塑胶渔排 56 万口、塑胶浮球筏式贝藻类养殖 30 多万亩、深水抗风浪网箱 3700 多口，初步建成三都澳、沙埕湾等绿色养殖示范区；"振渔 1 号""福鲍 1 号"等智能化深远海养殖平台建成投产，实现装备技术突破；培育了闽南、闽中、闽东三大水产加工产业集群和 12 个水产加工产值超过 20 亿元的渔业县。福建大力发展远洋渔业，截至 2019 年，全省有远洋渔业企业 30 家，建立了 9 个境外远洋渔业基地，行业综合竞争力位居全国前列，远洋捕捞产量、远洋企业数量、远洋渔船数量均居全国第三。2020 年，更新改造远洋渔船 38 艘，远洋捕捞产量 58 万吨，同比增长 12.3%，继续居全国首位。

2. 示范区建设成效显著，海洋强省建设向纵深推进

福州、厦门两个示范区建设成效显著，成为福建海洋经济发展的重要增长极和海洋强省建设的重要支撑。2018 年，福建获批福州、厦门两个国家海洋经济发展示范区。2019 年省政府常务会议审议通过《福州市海洋经济发展示范区建设总体方案（2019—2025 年）》和《厦门市海洋经济发展示范区建设总体方案（2019—2025 年）》。2020 年，福建持续推进福州、厦门 2 个国家海洋经济发展示范区建设，实施示范项目 204 个，完成投资 413 亿元；新创建晋江、诏安、东山 3 个海洋产业发展示范县，策划生成项目 101 个。

其中，福州市探索海洋生态产品价值实现途径，建立了"政府＋企业＋金融＋渔民"的"四元"协同运作机制。全方位创新涉海金融服务模式，2019 年，出台《关于金融支持海洋渔业民营企业发展的三条措施》，为企业、养殖户量身打造特色金融产品，推出了"微捷贷""惠农e贷""鲍鱼贷""惠渔贷"和船舶资产抵押贷款等产品，贷款余额超过 40 亿元；启动海峡基金港，扩大涉海企业直接融资比重。

厦门市围绕海洋战略性新兴产业，海洋现代服务业等领域，增强海陆统筹布局，优化海洋产业结构，加大招商引资力度，全力推动海洋经济高质量发展。截至 2020 年，厦门建设涵盖海洋生物医药研发、海洋装备制造、游艇展销、海洋环境监测保护、海洋水产品深加工海洋产业公共服务平台 23 个，项目总投资 23.07 亿元；打造全国首个海洋"双创基地"——厦门海洋创业创新基地；连续 6 年举办"海洽会"，累计发布海洋经济项目成果 121 项，签约项目总数 141 个，总投资额达 49.94 亿元。

3. 大数据驱动，"数字海洋"建设成果显著

为提升行业大数据分析与运用和综合管理能力，福建实施"数字海洋"，启动大数据中心建设，建立汇集海洋与渔业经济、管理、环境、防灾减灾等信息资源，面向行业应用、军民融合、公众服务的数据汇聚共享平台，形成分类分级的海洋与渔业数据管理体系。在渔业安全管理方面，福建着力建设集管理和服务为一体的渔船动态监控管理系统，自 2020 年 7 月试运行以来，共组织海难救助 7 起，救助渔船 7 艘次，救助人员 89 名，挽回经济损失 3950 万元。2019 年以来，福建加大对"智慧海洋"类项目的统筹，加强数据汇聚与对接，陆续启动"一中心两平台""小型海洋渔船固定式北斗示位仪（定位终端）""智慧渔港"等项目规划与建设。2020 年，"海丝一号"卫星成功发射，使福建实现了卫星从 0 到 1 的新突破，为全球背景下海洋动力环境参数的遥感反演、海洋灾害监测、洪水监测和地表形变分析等提供有力支持。

4. 科技创新引领，临海能源产业初具规模

福建充分发挥沿海地质条件优势，大力推进临海能源产业发展。首先，发展地下水封洞库储油，加强地下水封洞库选址调查和统筹谋划，2020 年启动漳州古雷、泉州泉港等地下水封洞库储油项目，建设成为区域性油品交易中心、国际航运补给中心和期货交割地。其次，拓展海上风电产业链，海上风电可利用小时数达 3500 至 4000 小时。截至 2020 年，福建海上风电累计并网 76 万千瓦，居全国第三。2020 年，金风科技福建基地通过全球权威机构 DNV-GL 的工厂认证，成为全国第二个具备出口条件的智能化装备制造基地和首批"福建造"风电机组启运出口"一带一路"国家。最后，培育"渔光互补"光伏产业，利用海上养殖场水面，推动建设漂浮式太阳能光伏发电项目，实现水上发电、水下养殖。福建最大的近海光伏发电示范性项目——漳浦竹屿 100 MW 项目一期 30 MW 于 2017 年并网发电，已经实现发电量约 5000 万千瓦时。

（二）广东省海洋经济发展特征

广东作为海洋大省，海洋经济蓬勃发展，逐步形成了以海洋渔业、海洋油气业、海洋船舶工业、海洋化工业、海洋交通运输业和海洋旅游业为主导，海洋矿业、海洋盐业、海洋药物和生物制品业、海洋工程建筑业、海洋电力业、海水淡化与综合利用业等为重要补充的海洋产业体系。

1. 沿海经济带建设持续推进，"湾＋带"联动优势逐渐显现

广东省沿海经济带与大湾区高水平互动发展，构造了贯通广东东西两翼的跨区域产业链，形成"湾＋带"联动优势。2017年，《广东省沿海经济带综合发展规划》正式出台，统筹规划建设沿海经济带，抓住发展机遇，妥善应对问题挑战，主动谋求新一轮发展。2019年2月18日，国务院《粤港澳大湾区发展规划纲要》正式发布，并对粤港澳大湾区的战略定位、发展目标、空间布局等作出规划。其中明确指出要大力发展海洋经济，共同建设现代海洋产业基地、提升海洋资源开发利用水平、构建现代海洋产业体系等。广东省沿海经济带核心地区作为粤港澳大湾区的重要区域，充分发挥政策叠加优势，把海洋资源优势与产业转型升级和开放型经济发展需要紧密结合起来，构建沿海产业集群，产业集聚效应凸显。在大湾区内部与港澳在海洋工程装备制造、海洋旅游、海洋船舶运输等领域加强合作，推进了基础设施的互联互通，构建高效便捷的现代综合交通运输体系，推动了产业协同发展，将广东制造业的优势和港澳国际化的优势充分结合，在全国乃至全球引领优势明显。2020年广东省沿海经济带创造了约占全省82.3%的经济总量，产生了占全省90.7%的进出口总额。

2. 海洋六大产业发展迅猛，海洋经济高质量发展取得显著成效

2019年，广东自然资源系统印发实施《广东省加快发展海洋六大产业行动方案（2019—2021年）》，加快发展海洋电子信息、海上风电、海洋生物、海洋工程装备、天然气水合物、海洋公共服务六大产业。2020年省级促进经济高质量发展专项资金重点支持相关项目66项，投入资金2.63亿元。2020年完成发明专利62项，软件著作13项，新产品、新技术、新装备13项。

（1）海洋电子信息产业技术研发取得新突破。水下网络技术突破 150 Kbps，处于国际领先水平；发布我国首款新一代电子海图服务软件；深圳妈湾港成为全国首个传统改造 5G 智慧港；我国首个卫星雷达高度计海上定标场——珠海万山雷达高度计海上定标场观测系统实现业务化运行。

（2）海上风电全产业链不断完善。广东省基本形成了集风电机组研发、装备制造、工程设计、检测认证、施工安装、运营维护于一体的风电全产业链体系，整机制造产能约 600 套 / 年。截至 2020 年，全省海上风电项目完成投资约 645 亿元，新增海上风电投资额 572.4 亿元，在建装机总容量达 808 万千瓦；中山海上风电机组研发中心、汕头上海电气组装厂、先进能源科学与技术广东省实验室阳江分中心建成投运。

（3）海洋生物产业技术研发成效显著。初步形成了以广州、深圳、湛江、珠海等地为重点产业集群、沿海城市全覆盖的发展格局。依托中山大学、中科院南海海洋研究所、广东海洋大学等科研单位和重要研究平台，在海洋功能生物资源挖掘、海洋天然产物和海洋药物研发等领域处于国内领先地位。建立深海鱼胆汁中胆酸类物质的提取和纯化工艺；完成SeNPs作为常规抗肿瘤药物的化疗增敏剂的筛选、评价与给药配比；实现TPMA高产工程菌在传代发酵过程中的稳定传代；初步建立化合物物质结构的气相质谱指纹图谱；构建液相色谱法胆汁酸组分指纹图谱和检测方法、针对食烷菌的基因敲除系统。

（4）海洋工程装备制造业稳步推进。全产业链发展格局基本形成，广州、深圳、珠海、中山四大制造基地各具特色。深海资源开发装备与高技术船舶建设稳步推进。国内首台 500 千瓦鹰式波浪能发电装置"舟山号"、世界最大打桩船"三航桩 20 号"、MT6027 型大型多功能饱和潜水支持船"ULTRADEEPMATISSE"号等海洋工程装备完成交付；国内首艘中深水半潜式钻井平台"深蓝探索"完工。

（5）天然气水合物开发技术和装备制造取得突破性进展。形成以水平井为核心的 32 项关键技术、以吸力锚为代表的 12 项核心装备；自主创新构建了覆盖试采全过程的大气、水体、海底、井下"四位一体"环境监测体系；创新平台建设持续推进，定向井技术试验基地正式建立。

（6）海洋公共服务业有序推进。2017—2020年安排2.3亿元财政资金用于政策性渔业保险补助；海洋调查监测系统不断完善，2019年建成海洋观测站点27个；2020年首创风暴潮智能监测系统，成功建成网河区风暴潮精细化预报系统。

3. 海洋科技创新成果丰硕，关键技术攻关获得重大突破

广东省海洋科技主体日益壮大，创新成果显著。国内最长、最深海底大地电磁探测成果入选2019年度中国十大海洋科技进展。大型半潜式海洋波浪能发电技术与装备、天然气水合物勘探开采、南海岛礁多维生态修复关键技术与应用示范等技术研究获国家和省级科技奖励；水下无线通信控制网络系统解决了水下无线通信和组网的世界性难题。特种海工船舶中的顶级明珠装备——出口型大型多功能饱和潜水支持船在全国首次实现出口创汇。"海龙号"填补了国内高端饱和潜水作业支持船自主建造的空白。插销式自升自航抢险打捞工程船"华祥龙"船、海底电缆综合运行维护船"南电监查01"等成果为全国首创。

4. 海洋生态文明建设取得实效，示范作用进一步凸显

广东省坚持生态"养海"，用心"护海"，海洋生态文明建设扎实推进。"十三五"期间印发实施《广东省海洋生态文明建设行动计划（2016—2020年）》，出台《广东省海洋主体功能区规划》《广东省海洋生态红线》《广东省严格保护岸段名录》，海洋生态保护制度逐步完善。2019—2021年，省财政每年安排2亿元专项资金用于支持海岸带生态修复工作，严格保护自然岸线。截至2020年底，全省累计建成海洋保护区50个，以红树林、水鸟等为保护对象的湿地公园168个，国家湿地公园占13个，修复海岛15个；全省近岸海域水质优良比例达到89.5%；红树林总面积达120.9平方千米，占全国红树林总面积的56.9%，居全国首位。

5. 海洋对外开放进一步扩大，对外合作领域不断拓展

"十三五"时期，全省对"一带一路"沿线国家进出口总额累计达7.9万亿元，年均增速达7.5%。粤港澳大湾区水上高速客运航线增至29条，全省港口与国际港口缔结友好港增至86对，开通国际集装箱班轮航线349条，沿海主要

港口航线通达全球 100 多个国家和地区。连续举办 5 届中国海洋经济博览会，累计接待观众超 29 万人次，成交和合作意向额度超 2460 亿元，成功打造中国海洋经济第一展。

（三）广西壮族自治区海洋经济发展特征

广西作为我国重要的沿海、沿江、沿边地区，在与泛珠江三角洲、泛北部湾和东盟交流方面都具有不可替代的战略地位，是我国西南地区重要的出海大通道，是"一带一路"交汇对接的重要门户。

1. 主要指标逆势增长，向海经济持续提速

广西坚持向海发展的战略方向，2019—2020 年先后出台《关于加快发展向海经济推动海洋强区建设的意见》《广西加快发展向海经济推动海洋强区建设三年行动计划（2020—2022 年）》等 8 个配套文件，顶层设计作用逐步凸显，全力推动向海经济成为全区经济增长的"蓝色引擎"。2020 年全区海水水产品产量 199.07 万吨，同比增长 0.7%；北部湾港货物吞吐量 26773.26 万吨，同比增长 14.84%，集装箱突破 505 万标箱，同比增长 33%，增速稳居全国沿海主要港口首位。

2. 拓展交通运输网络，向海通道建设不断升级

广西以西部陆海新通道建设为牵引，加快建设东、中、西三条向海主通道。东线推动焦柳铁路怀化至柳州段电气化改造项目，建设南深、合湛等高铁项目；中线加快建设贵南高铁、吴圩机场至隆安高速公路等项目；西线推进黄桶至百色、百色至威舍铁路复线等项目和沿边公路升级改造，全力打造铁路、公路、水运、航空立体交通网络，努力实现所有边境口岸快速直达海港。2019 年 8 月，西部陆海新通道上升为国家战略，西部陆海新通道所有出海口都在广西境内的北部湾。北部湾港货物吞吐量由 2015 年的 2.2 亿吨增至 2020 年的近 3 亿吨，由全国沿海港口第 15 名升至第 11 名。集装箱吞吐量由 2015 年的 142 万标箱增长至 2020 年的 505 万标箱，由全国沿海港口第 18 名迈进至前 10 名，完成了《西部陆海新通道总体规划》提出的 500 万标箱目标。2020 年，西部陆海新通道海铁联运班列开行 4506 列，开行数量超过前三年总和，海铁联运达到 23 万标箱，同比增长 105%。截至 2020 年，北部湾港开通集装箱航线 52 条，已与世界 100 多个国家和地区的 200 多个港口通航，成为中国与东盟国家（地区）海上互联互通、开发合作的前沿。

3. 多措并举，海洋资源要素保障持续强化

广西积极统筹海岸带系统性治理修复，坚持保护优先、自然恢复为主，实施重要生态系统保护和修复重大工程。在海洋生态系统修复方面，2020 年广西争取中央海洋生态保护修复资金 4.86 亿元，比 2019 年增加 3.78 亿元，增长 350%，获得资金总量位居全国第一，用于支持沿海三市开展红树林保护和修复的蓝色海湾综合整治行动以及海岸带保护修复工程。全区海洋生态系统健康完整，海洋生态服务价值稳步上升。截至 2020 年，大陆自然岸线保有率 37%，近岸海域优良水质达标率保持在 90% 以上，连续 8 年稳居全国前三名，是全国最洁净的近岸海域之一。北海市滨海国家湿地公园（冯家江流域）生态保护和修复治理模式得到充分肯定，被列为全国重要的生态修复典型案例。在海洋生态环境保护方面，广西先后开展防治船舶水污染专项整治活动、"碧海 2020"海洋生态环境保护专项执法行动和"2020 年全球船用燃油限硫令"执法活动，严防严控船舶水污染和大气污染，强化海洋生态环境监督检查。

4. 紧抓叠加机遇，对外开放持续升级

广西立足"一湾相挽十一国、良性互动东中西"的区位优势，加快高标准建设自由贸易试验区，积极推进西部陆海新通道、面向东盟的金融开放门户、中国—东盟信息港和防城港国际医学开放试验区等一系列重大对外开放平台建设。截至 2020 年，广西已成功举办中国—东盟博览会和中国—东盟商务与投资峰会 17 届、泛北部湾经济合作论坛 11 届，与越南、文莱、马来西亚等国家和地区开展海洋特色产业合作，国际合作园区增至 20 多个，中国—东盟港口城市合作网络成员达到 39 个。中马钦州产业园区注册企业超 1300 多家，重点产业项目 50 多个，总投资额达 400 多亿元。向海合作的逐渐深化，极大促进了对外贸易的发展。2020 年广西外贸进出口总值 4861.3 亿元，比 2019 年增长 3.5%，增幅较全国高 1.6 个百分点。

（四）海南省海洋经济发展特征

海南省北邻华南经济圈，南靠东南亚地区，处于中国—东盟自贸区的核心地理位置。"十三五"期间，海南省海洋经济规模不断扩大，海洋产业体系逐步健全，海洋科技创新能力稳步提升，海洋基础设施取得较大进步，海洋公共服务能力不断提升，海洋生态环境保护能力明显增强。

1. 海洋产业体系逐步健全，新业态快速发展

传统海洋产业保持稳定发展，初步形成了以海洋渔业、海洋旅游业、海洋交通运输业、海洋科研教育管理服务业为支柱的海洋产业体系。"十三五"期间，重点海洋产业平均增速超过 11%，其中海洋渔业年均增速 4.7%，海洋交通运输业年均增速 19.6%，海洋旅游业年均增速 6.7%，海洋科研教育管理服务业年均增速 16.3%。

海洋产业新业态不断涌现。传统渔业向休闲渔业转变，通过创新发展渔业新业态、推动渔民转产转业、富裕渔民和促进增收、繁荣渔区经济。2019 年，中国首个海洋休闲渔业新业态在海南陵水诞生。海洋旅游业快速发展，游轮旅游、游艇旅游、邮轮母港和游艇码头建设成效显著。2018 年，海口国家帆船帆板基地公共码头投入使用，先后举办了第一届中国帆船联赛总决赛、中国家庭帆船赛总决赛等 8 个赛事。2019 年，国内外游客总人数达 8311.2 万人次，实现旅游总收入 1057.8 亿元，提前完成"十三五"规划目标。2020 年，在海南自贸港建设开局的历史性机遇以及遭遇新冠肺炎疫情的历史性考验的背景下，海南省共接待国内外游客 6455.09 万人次，实现旅游总收入 872.86 亿元，成为全国旅游恢复情况最好地区之一。

2. 多重政策叠加，自由贸易港建设成果显著

海南自由贸易港是中国最大的自由贸易试验区，也是唯一的中国特色贸易港。2020 年 6 月 1 日，中共中央、国务院印发《海南自由贸易港建设总体方案》，标志着海南自贸港建设全面开启。一年来，海南省发布四批 32 项制度创新案例和 31 项营商环境年度行动计划，出台政府与市场主体交往"六要和六不准"；新增市场主体增长 30.9%，新设企业增长 113.7%，位列全国第一，

总部企业累计入驻 64 家；离岛免税"新政"促进全年销售额实现倍增；项目集中签约 315 个，集中开工 538 个；引进人才 12.2 万人，比上年增长 177%。尽管受环境和新冠肺炎疫情影响，但海南对外贸易工作依旧效果显著。数据显示，2020 年海南省货物进出口 933 亿元，同比增长 3%，高于全国平均增速 1.1 个百分点；2021 年 1—5 月份，货物进出口 459.5 亿元，比 2019 年同期增长 19.7%，同比增长 38.5%，高于全国平均水平 10.3 个百分点。

3. 聚焦深海科技，搭建海洋科技创新平台

海南省以深海科技创新中心、深海空间站、全海深载人潜水器等国家重大科技机构和项目为抓手，积极引进国际深远海领域科研机构、高校等前沿科技资源，集聚深海科技创新资源，打造国际一流的深海科技创新平台，积极促进"探索一号"科考船、"深海勇士"号载人潜水器、"奋斗者"号万米载人潜水器等国家海洋科技重大装备落户海南。2019 年《三亚崖州湾科技城总体规划（2018—2035）》获得审批通过，全国唯一的深海科技城建设全面加速启动，重点聚焦深海科技、海洋产业和现代服务业三大领域。2020 年 11 月 28 日，"奋斗者"号全海深载人潜水器成功完成万米海试并胜利返航，创下 10909 米的中国载人深潜新纪录，标志着我国具有了进入世界海洋最深处开展科学探索和研究的能力。

4. 坚持"四方五港多港点"发展格局，港口资源整合加速

海南省基本形成了"四方五港"港口格局，北有海口港、南有三亚港、东有清澜港、西有八所港和洋浦港。"十三五"期间，全省港口综合通过能力达 2.7 亿吨，较"十二五"末增长 62%；港口货物吞吐量 9.3 亿吨，较上期增长了 43%。其中，作为海南自由贸易港 11 个重点园区之一，洋浦主要承担自贸港建设"先行区"的重任，洋浦港集装箱年吞吐量突破百万标箱，拥有国际船舶等级的船舶 22 艘，离岸新型国际贸易收支增长 10 倍。以渔港为重点的渔业基础设施建设取得明显改善。截至 2020 年，全省拥有中心渔港 6 处、一级渔港 7 处、二级渔港 13 处、三级渔港 17 处。

三、南部海洋经济圈海洋经济发展趋势

（一）福建省海洋经济发展趋势

1. 立足资源优势，争做海上风电引领者

福建省立足风电资源优势，加快更大容量的海上风电机组研制，助推其能源产业转型升级。拓展海上风电产业链，以资源开发带动产业发展，推进福州、宁德、莆田、漳州、平潭海上风电开发，吸引有实力的大型企业来闽发展海洋工程装备制造等项目，不断延伸风电装备制造、安装运维等产业链，推动海上风电与海洋养殖、海上旅游融合发展，建设福州江阴等海上先进风电装备园区。积极推动深远海海上风电基地建设，打造国家级海上风电平价示范基地。联合企业、高校、科研机构，开展区域平价整体解决方案、风渔融合等一系列课题研究，推动福建海上风电产业竞争力提升，积极争取国家级海上风电研究与试验检测基地落地福建。

2. 巩固渔业产业优势，建设"海洋牧场"

福建省持续巩固海洋渔业优势产业，建设"海洋牧场"。拓展远洋渔业发展长板，支持"造大船、闯远海"，提升远洋渔船装备水平，鼓励发展大洋渔业，拓展过洋性渔业，打造一批综合性的远洋渔业基地；推进水产品精深加工，做大做强连江、福清、东山等 12 个年产值 20 亿元以上的水产加工产业县（市），加快福清元洪国际食品产业园建设，构建闽东、闽中、闽南 3 个水产品加工产业带；培育水产龙头企业和品牌，构建海产品质量全过程追溯管理体系，大力拓展海产品国内外市场。

3. 助力海洋信息化，深化智慧海洋建设

福建省发挥区域特色条件，深化"智慧海洋"建设，为全国海洋信息化建设探索区域性经验。加快重点海域海洋信息基础设施建设，加大海洋新型基础设施建设，加强仪器设备自主创新，全面提升海洋信息实时采集传输和应急通信能力。建设国家海洋大数据东南分中心，推动建设形成区域性数据

中心集群。推动"渔旅融合""丝路海运"等领域创新数据资源利用模式，助力海洋产业数字化、海洋数字产业化，拓展海洋智慧旅游、智能养殖、智能船舶、智慧海上风电运维、智能化海洋油气勘探开采等设备制造和应用服务项目，打造"数字海洋产业"示范区。建设区域性海洋国际合作平台，加强与"海上丝绸之路"沿线国家和地区在海洋信息基础设施、生态保护、执法搜救、航运保障等方面交流合作。

4. 深化示范区建设，培育壮大现代化海洋产业

福建省深化福州、厦门海洋经济发展示范区建设，打造海洋经济高质量发展和海洋资源保护利用创新实验平台，争取国家支持其全省域建设国家海洋经济发展示范区。开展海洋资源要素市场化配置、涉海金融服务、海洋新兴产业链延伸和产业配套能力提升等模式创新；加快建设连江、秀屿、石狮、晋江、诏安、东山6个省级海洋产业发展示范县，支持发展海洋渔业、水产品加工业、海洋药物和生物制品业、海洋工程装备制造、海洋旅游等产业，推动形成集聚发展效应。

（二）广东省海洋经济发展趋势

1. 坚持陆海统筹，打造海洋经济发展新空间

广东省加快构建海洋开发新格局，坚持陆海统筹、综合开发，优化海洋空间功能布局，提升海洋资源开发利用水平，积极拓展蓝色经济发展空间。一方面，充分发挥广州、深圳"双城"联动效应，支持深圳建设全球海洋中心城市、广州建设海洋强国领军城市，引领粤港澳大湾区海洋经济发展；另一方面，深入推进湛江海洋经济发展示范区建设，支持珠海、汕头、湛江等创建现代海洋城市，辐射带动周边区域海洋经济发展。同时，大力推进珠江口跨江跨海通道等项目建设，构建通江达海、连内接外、畅通高效的陆海运输网络。

2. 推动链条协同发展，构建现代海洋产业体系

广东省推动涉海创新链、产业链、供应链协同发展，加快建立现代海洋产业体系，着力提升海洋产业国际竞争力。一方面，坚持创新引领，以粤港澳大湾区国际科技创新中心为依托，争取国家海洋重大科技基础设施落户广东，联合产业链上下级相关企业、科研机构率先突破海洋领域核心技术和关键共性技术，不断提升海洋科技创新发展引领能力；另一方面，坚持规划引领，推动传统产业转型升级、优势产业做大做强、新兴产业不断壮大，聚力打造海洋清洁能源、海洋船舶与高端装备制造、海洋油气化工、海洋旅游、海洋生物等千亿、万亿级海洋产业集群。

3. 强化生态治理，提升海洋综合治理水平

广东省坚持生态优先，筑牢蓝色生态屏障，不断提升海洋资源管理水平，推动海洋治理体系与治理能力现代化。一方面，推进海岸线精细化管控，全面推行海岸线有偿使用和占补制度，实施陆海一体的国土空间用途管制和生态环境分区管控体系，探索建立海域使用权立体分层设权制度，完善海洋经济统计、核算、监测评估等制度，建设海洋大数据平台。另一方面，建立完善陆海统筹的海洋环境综合治理体系，推进重要生态系统保护和修复重大工程建设，养护海洋生物资源，维护海洋生物多样性，探索开展海洋生态补偿试点。

（三）广西壮族自治区海洋经济发展趋势

1. 优化海洋产业布局，构建现代化向海经济产业体系

广西将不断优化海洋产业布局，着力打造以海洋产业、绿色临港产业、腹地特色产业等为主体的向海产业，初步形成有色金属、高端石化、电子信息等向海产业集群，推动向海经济高质量发展。以港口和临海产业园区为载体，开展关键产业链"补链强链"专项行动，打造"三千亿级""千亿级"绿色临港产业集群；围绕陆海产业链整合，利用西部陆海新通道沿线优势，带动腹地特色产业向海开放发展；升级改造海洋渔业、海洋交通运输业、海洋旅游与文化产业等海洋传统产业；发展海洋清洁能源、海洋电子信息、海洋新材料、海洋药物和生物制品、海洋工程装备制造等海洋新兴产业。

2. 助力向海通道建设，打造陆海空一体交通网

2020－2022 年，广西将投资 6700 多亿元支持向海通道建设行动，强化

陆海空运输资源整合，拓展向海交通运输立体网络。在陆海联动通道建设方面，依托向海陆路通道基础设施重大项目，稳步推进向海高速大能力铁路和公路建设。推动东线向海通道扩能升级，打通中线向海通道关键节点，推动西线向海通道实现全面贯通。在江海联通通道建设方面，加快重点航道和通航设施建设，形成通江达海的新通道。在空港出海通道建设方面，重点加快南宁机场改扩建工程建设以及民用机场建设。

3. 聚焦海洋创新，打造北部湾经济区海洋科技高地

广西将聚焦海洋开放开发，推动高新科技资源向海集聚协同创新，培育壮大一批具备较强竞争力的专业化研发服务机构和企业，鼓励开展向海科技国际合作。强化向海科技创新支撑，加强内陆与沿海的科技合作，探索组建集基础研究、应用研究、成果转化与推广、政府智库为一体的综合性海洋研究机构，大力引进、培养和使用海洋领域高端领军人才。壮大向海科技企业群体，围绕培育向海经济发展新产业、新业态，支持一批涉海领域企业开展科技创新，形成向海经济创新示范产业链。提升向海数字经济创新能力，以新基建为契机，加快推进"数字海洋"创新工程建设。

4. 加快"走出去""引进来"的步伐，形成全方位开放新格局

按照"三大定位"新使命的要求，广西将积极推动与周边省（区、市）开放发展规划衔接，明确构建"南向、北联、东融、西合"的全方位开放发展格局。充分发挥广西对东盟陆海相连的独特优势，建设南向通道，打通对内连接中国西北和西南地区，对外连接东南亚、中亚，并经中欧班列连接欧洲的南北大动脉，实现"一带"与"一路"的有机衔接。全面对接粤港澳大湾区，加快"东融"步伐，推动产业对接、平台共享、园区共建，吸引大湾区企业到广西布局产业链的重要环节，参与构建区域性产业链、供应链、价值链。加强与越南、缅甸、老挝等湄公河流域国家的合作，大力推进基础设施的"硬连通"和政策、规则、标准的"软连通"，推动优势产能走出去，积极开拓新兴市场，服务国家周边外交。

（四）海南省海洋经济发展趋势

1. 依托"深海"优势，大力发展深海产业

立足海南独一无二的深海资源优势，以提升"深海进入—深海探测—深海开发"能力为目标，大力推动深海资源开发利用和深海科技创新。全面推进渔业向深远海发展，加快深海油气资源开发，加强深海探测、深海科研和深海装备研发制造，打造深远海邮轮游艇旅游精品，强化深远海国际合作。聚焦深海科技，以搭建海洋科技创新平台为重点，汇聚全球海洋创新要素，强化海洋重大关键技术创新，促进海洋科技成果转化，建立开放协同高效的现代海洋科技创新体系，着力打造深海科技创新中心，增强海洋科技创新驱动力。

2. 政策引领，初步构建现代海洋产业体系

自由贸易港是当今世界最高水平的开放形态，随着国家赋予海南的特殊开放政策与税收政策逐步落地见效，多重政策叠加和外溢效应将吸引一批创新要素集聚。海南将充分依托自由贸易港建设的重大战略机遇，以拓展海南经济、发展蓝色空间为主题，以海洋科技创新为重要动力，吸引资本和创新要素向海洋产业集聚，优化升级海洋传统产业，培育壮大海洋药物和生物制品、海洋信息、海洋清洁能源等新兴产业，打造具有海南特色和区域竞争力的现代海洋产业体系，形成海洋旅游、现代海洋服务业等千亿级海洋产业集群。

3. 生态优先，探索海洋经济绿色发展

海南将推进海洋产业绿色转型，遏制对海洋资源的粗放利用和无序开发；加快发展海上风电等清洁能源，推进沿海化工产业绿色循环发展，构建生态型海洋产业体系。加强海洋生态环境治理，全面提升海陆生态保护和污染防治一体化水平。创新生态文明制度与政策体系，初步建立海洋生态产品价值实现机制，全面加强海洋生态环境基础设施建设，提升海洋资源节约集约利用水平，打造海洋生态文明建设示范区。

4. 区域联动，扩大海洋经济合作网络

海南将加强与东南亚国家交流合作，构建区域性海洋产业链供应链，建

设"21 世纪海上丝绸之路"重要战略支点与重要开放门户。密切与北部湾经济合作、促进与粤港澳大湾区联动发展、以深度融入国际陆海新通道为重点，争取建立若干海洋经济特色合作园区与示范基地、区域性海洋产业合作交流平台，不断扩大海洋经济合作网络，最终形成对接联动粤港澳大湾区、北部湾城市群和中国—中南半岛经济走廊、中国—东盟自贸区的开放合作大格局。

（五）南部海洋经济圈海洋经济总体发展趋势分析

南部海洋经济圈将把握粤港澳大湾区建设机遇，密切珠三角地区与香港、澳门地区在海洋领域的合作，共建港口群，依托"海上丝绸之路"，加强与东南亚和东盟各国的合作交流，推进组建区域港口联盟，逐步提升海上基础设施互联互通和航运服务协同发展；继续发挥广东的引领作用，进一步释放广东省海洋产业集聚发展优势，通过产业合作带动福建、广西和海南海洋经济产业的发展，建立跨区域协作平台，共同培育临海产业带；深入落实海南全面深化改革开放举措，支持海南逐步探索、稳步推进中国特色自由贸易港建设，建设国家深海基地南方中心；充分利用南海海洋资源国家实验室，引进专业人才和先进设备，加强对包括南部圈海域在内的南海海洋资源的合理开发利用和研究保护；建立区域科技协同创新体系，充分依托海南自贸区、粤港澳大湾区、广西北部湾、福建海洋经济发展示范区的优势，拓展区域科技创新基础平台，加强区域内国家科技合作基地的横向交流与联系。

（执笔人：郭晶）

4
粤港澳大湾区海洋经济发展形势

粤港澳大湾区依海而生、向海而行、与海共荣，具有发展海洋经济的天然基因与内在驱动力。2019 年 2 月，中共中央、国务院印发的《粤港澳大湾区发展规划纲要》（以下简称《规划纲要》）中明确提出，"加强粤港澳合作，拓展蓝色经济空间，共同建设现代海洋产业基地"。海洋经济是国际一流湾区的标配，作为世界四大湾区的新锐，粤港澳大湾区在建设过程中，大力发展海洋经济成为新的机遇和动能；同时，湾区内存在着不同体制上的差异，在海洋经济合作空间上须携手同行、深化合作，加快推进构建互利共赢的现代海洋产业体系，建立互信互惠的海洋交流合作平台，打造宜居宜业宜游的海洋生态圈，共同将粤港澳大湾区打造成为高质量发展的典范。

一、粤港澳三地海洋经济发展总体情况

（一）广东省海洋经济总量与结构[①]

广东是海洋大省，海域面积为 41.9 万平方千米，是中国海域面积第二大的省份；海岸线长 3368.1 千米，为全国海岸线最长的省份，占全国海岸线总长的 1/5；沿海有面积 500 平方米以上的岛屿 759 个，数量居全国第三位，仅次于浙江和福建。广东海洋经济区域布局分为珠三角、粤东和粤西三大海洋经济区，其中以珠三角为主。珠三角海洋经济区东起惠东县，西至台山市，包括广州、深圳、珠海、惠州、东莞、中山、江门 7 个市，亦是粤港澳大湾区所辖 9 个珠三角城市中除肇庆、佛山之外的 7 个沿海城市。

广东将海洋作为高质量发展的战略要地，大力发展海洋经济。截至 2020 年，以珠三角海洋经济区为龙头的广东海洋经济总量连续 26 年处于中国沿海地区首位。广东海洋生产总值从 2015 年的 14443 亿元增长至 2020 年的 17245 亿元，年均名义增速达到 4.3%；其间从 2015 年至 2019 年持续上升，占全国海洋生产总值比重微幅增加，而占本区域生产总值的比重基本稳定在 19% 左右。受新冠肺炎疫情冲击和复杂国际环境的影响，2020 年广东海洋生产总值相较于 2019 年显著下降 18%，占全国海洋生产总值的比重减少了 2 个百分点，占地区生产总值的比重减少了 4 个百分点。如表 4-4-1 所示。

表 4-4-1 2015—2020 年广东海洋经济总量

主要指标	2015	2016	2017	2018	2019	2020
海洋生产总值 / 亿元	14443	15968	17725	19315	21059	17245

[①] 由于粤港澳大湾区未有统一的海洋经济统计口径，珠三角 9 个城市的海洋经济置于广东省一并统计，且占比远超粤东、粤西，所以以广东省海洋经济说明湾区九城，而港、澳地区分列陈述。

（续表）

主要指标	2015	2016	2017	2018	2019	2020
海洋生产总值占全国海洋生产总值比重 / %	22.0	22.9	23.1	23.2	23.6	21.6
海洋生产总值占地区生产总值比重 / %	19.8	19.7	19.8	19.3	19.6	15.6

数据来源：根据广东省自然资源厅（http://nr.gd.gov.cn/）数据整理

广东的海洋三次产业结构之比由 2015 年的 1.8∶43.1∶55.2 演变为 2020 年的 2.8∶26.0∶71.2，呈现第二产业比重逐步下降、第三产业比重稳步增长的态势。与 2019 年相比，海洋第一产业比重上升 0.9 个百分点，海洋第二产业比重下降 10.4 个百分点，海洋第三产业比重上升 9.5 个百分点。如表 4-4-2 所示。

表 4-4-2　2015—2020 年广东海洋产业结构

主要指标	2015	2016	2017	2018	2019	2020
海洋第一产业比重 / %	1.8	1.7	1.8	1.8	1.9	2.8
海洋第二产业比重 / %	43.1	40.7	38.2	37.0	36.4	26.0
海洋第三产业比重 / %	55.2	57.6	60.0	61.2	61.7	71.2

数据来源：根据广东省自然资源厅（http://nr.gd.gov.cn/）数据整理

2020 年广东主要海洋产业增加值 4883 亿元，与 2019 年（6820 亿元）相比下降 28.4%；海洋相关产业增加值 4405 亿元，相较 2019 年（6847 亿元）下降 35.7%；海洋科研教育管理服务业增加值 7956 亿元，较 2019 年（7392 亿元）增长 7.6%。如图 4-4-1 和图 4-4-2 所示。

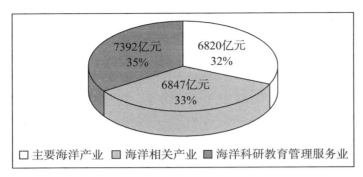

图 4-4-1　2019 年广东海洋生产总值构成

数据来源：《广东海洋经济报告（2020）》

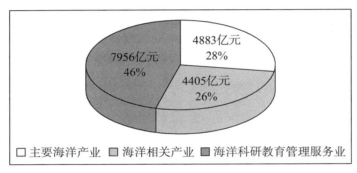

图 4-4-2　2020 年广东海洋生产总值构成

数据来源：《广东海洋经济报告（2021）》

　　其中，2020 年海洋旅游业、海洋交通运输业以及海洋渔业增加值占主要海洋产业增加值的比重分别为 54.2%、16.8% 和 11.6%，构成了广东海洋经济发展的支柱产业；相较于 2019 年，海洋旅游业因受到新冠疫情冲击而出现 26% 的下滑。如表 4-4-3 所示。

表 4-4-3　2019—2020 广东主要海洋产业增加值构成

产业	2019		2020	
	增加值 / 亿元	占比 / %	增加值 / 亿元	占比 / %
海洋旅游业	3581	52.5	2647	54.2

产业	2019		2020	
	增加值/亿元	占比/%	增加值/亿元	占比/%
海洋交通运输业	737	10.8	821	16.8
海洋渔业	499	7.3	566	11.6
海洋油气业	575	8.4	459	9.4
海洋化工业	832	12.2	202	4.1
海洋工程建筑业	516	7.6	57	1.2
海洋药物和生物制品业	N/A	N/A	51	1.0
海洋船舶工业	N/A	N/A	48	1.0
其他产业	80	1.2	32	0.7

数据来源：根据《广东海洋经济报告（2020）》和《广东海洋经济报告（2021）》整理

（二）湾区城市的海洋经济发展特点

粤港澳大湾区沿海的 7 个珠三角城市中，广州的海洋产业在整个湾区中举足轻重，在发展海洋经济上具有对外开放水平高、海洋交通基础设施完善、科技创新实力强和海洋产业集聚等多个优势。广州与美国巴尔的摩港、希腊的比雷艾夫斯港等 44 个港口建立了友好港口关系；拥有国家和省属涉海科研院所 17 所、南方海洋科学与工程广东省实验室（广州）等省部级海洋重点实验室和重点学科 25 个、国家级海洋科技创新平台 3 个；正在加快建设南沙港铁路、广州港出海航道，南沙新国际邮轮母港于 2019 年开港；船舶及海工装备制造业向高端化发展，海洋战略性新兴产业配套能力提升，如天然气水合物钻采船（大洋钻探船）建造项目已成功落户。

深圳与广州构成了湾区海洋经济发展的"双核心"，在海洋综合管理上先行示范，《规划纲要》提出"支持深圳建设全球海洋中心城市"。为此，深圳印发实施了《关于勇当海洋强国尖兵加快建设全球海洋中心城市的实施方案（2020—2025年）》，积极推动建设全国海洋经济、海洋文化和海洋生态可持续发展的标杆城市；加快海洋科技创新高地的建设，打造了若干海洋新兴产业园区，建成深海油气资源勘探开发及装备研究和生产基地、海洋生物医药技术支撑平台（坪山）、国际生物产业基地、深海海洋装备试验和装配基地、深圳蛇口海洋工程装备制造基地等一批海洋相关基地；规划建设中欧蓝色产业园、海洋新城、深圳国际生物谷、国家南方海洋科学城、大鹏海洋生物产业园等项目。

珠海是湾区珠三角城市中海洋面积最大、岛屿最多、海岸线最长的城市，作为港珠澳大桥的内地接口城市，是内地唯一与香港、澳门同时陆路相连的城市。2020年，珠海不断增强海洋科技支撑能力，在万山岛的海上测试场上组建了一批船舶与海工装备等多领域工程技术研究中心，南方海洋科学与工程广东省实验室（珠海）与包括我国香港、澳门、广东等地的41家高等院校、研究机构签订了合作共建协议，引进了珠海复旦创新研究院、华南理工大学珠海现代产业创新研究院等科技创新平台。

惠州加快构建现代海洋产业体系，重点推进了海洋石化全产业链的发展，大亚湾石化区获评国家循环化改造重点支持园区和国家第一批绿色制造体系建设示范园区，达到年产出2200万吨炼油、220万吨乙烯的规模；推进广东太平岭核电项目一期工程、中广核惠州港口一期海上风电场项目建设。全力打造全域旅游示范市，初步构建了以巽寮湾、双月湾、小径湾、三角洲岛、三门岛为基础的"海洋—海岛—海岸"旅游立体开发体系。

东莞陆海统筹步伐加快，2020年完成了新沙港泊位工程及填海施工，增加土地面积57.6万平方米，建成生态化海堤350米，修复海岸线450米、滨海湿地6000平方米，全年为滨海湾新区滨海湾大桥等重大项目提供用海12.5万平方米。滨海湾新区获批省级高新技术开发区。

中山开通了深中通道海上游览线路，加快"海洋—海岛—海岸"立体开发进程，中山华侨城欢乐海岸项目正式动工，中山翠亨新区生物医药智创中心加快建设，深中通道沉管隧道首节沉管顺利实现与西人工岛暗埋段对接。

江门加快建设银湖湾滨海新区、广海湾经济开发区等涉海发展平台，银湖湾获得广东省中小型船舶及配套产业基地称号，已形成造船、修船、拆船及船务配套一体化的产业格局，船舶产业规模以上工业总产值达 52.8 亿元。此外，成立了江门市海洋创新发展研究中心。

（三）香港海洋经济发展状况

与湾区的内地城市相比，香港在海洋经济发展上的优势在于采取了自由港的政策，即通航、贸易、资本进出方面的自由及大部分货物免税等相应措施，并将海洋产业的发展定位于海洋经济配套服务业，与湾区内其他港口（广州、深圳、珠海、东莞）错位发展。2006 年香港航运发展局重组成立，为香港海洋经济活动提供战略性规划和建议，海洋服务业已成为香港的支柱产业之一。

在海洋服务业中，结合香港的国际金融中心地位，涉海金融业和航运服务业的发展最具比较优势。香港的涉海金融业主要包括海洋产业融资和海事保险及再保险，涵盖了银行贷款融资、海事保险、信托基金、股票融资和融资租赁等业务领域。航运服务业的业务范围包括船舶管理、船务经纪、船务融资、航运保险及法律等领域（向晓梅和张超，2020），其中货柜码头及货运运营、往来香港与珠三角港口轮船、航空及海上货运代理收入在 2019 年业务总量分别为 76.3 亿港元、57.3 亿港元与 1222.8 亿港元，较 2018 年分别下降了 7.0%、8.2% 与 1.8%；另一方面，2019 年的远洋货轮业务、港内水上货运服务、港内水上货运服务、中流作业及货柜后勤等业务收入较 2018 年均有不同程度的增长。如表 4-4-4 所示。

表 4-4-4　2015—2019 年香港船务服务业收入情况

单位：亿港元

类别	2015	2016	2017	2018	2019	2019 较 2018 增长率 / %
船务代理 / 管理人，以及海外船公司驻港办事处	74.0	73.2	76.3	79.4	75.4	−5.0

（续表）

类别	2015	2016	2017	2018	2019	2019 较 2018 增长率 / %
远洋货轮船东 / 营运者	845.0	741.0	691.0	843.0	959.3	13.8
货柜码头及货运码头运营者	89.0	88.0	82.8	82.0	76.3	−7.0
往来香港与珠三角港口的轮船船东及营运者	69.0	64.0	66.6	62.4	57.3	−8.2
港内水上货运服务	11.0	10.0	10.4	11.5	11.5	0
中流作业及货柜后勤活动	56.0	50.0	51.4	50.9	52.0	2.2
航空及海上货运代理	1097.0	1033.0	1206.5	1245.6	1222.8	−1.8

数据来源：根据香港特别行政区政府统计处历年《运输、仓库及速递服务业的业务表现及营运特色的主要统计数字》报告整理

注：该报告最新一期为 2020 年 12 月出版，收录的是 2019 年的相关数据

2016—2020 年的香港船务基础信息表明，整体而言香港海洋经济受到新冠肺炎疫情的影响较大。2020 年机构单位数目、就业人数、进入香港的船只、旅客、吞吐量以及进出口数量都有不同程度的下降，其中旅客数量为 102.9 万次，相较 2019 年下降了 93.6%；进入香港的船只为 17.5 万船次，较 2019 年下降 45.8%；业务收益指数为 108.5，较 2019 年有 10.6% 的上升。如表 4-4-5 所示。

表 4-4-5　2016—2020 年香港船务基础信息

类别	2016	2017	2018	2019	2020	2020 较 2019 增长率 / %
机构单位数目 / 个	3071	3117	3220	3263	3231	−1.0
就业人数 / 名	37264	36631	35912	34631	32749	−5.4
业务收益指数	88.8	93.9	97.9	98.1	108.5	10.6
进入香港船只 / 船次	370988	372610	350410	322628	174959	−45.8

（续表）

类别	2016	2017	2018	2019	2020	2020 较 2019 增长率 / %
进入香港乘客 / 千次	26690	26774	25603	16072	1029	−93.6
货柜吞吐量 / 千个标准货柜	19813	20770	19596	18303	17969	−1.8
水上运输进口 / 亿港元	13.84	17.75	8.55	12.72	8.54	−32.8
水上运输出口 / 亿港元	2.56	5.15	5.42	6.94	4.78	−31.2

数据来源：根据香港特别行政区政府统计处服务业统计摘要整理

（四）澳门海洋经济发展状况

澳门向海而兴，但由于历史原因，澳门习惯水域管理范围一直未有明确。长期以来，澳门囿于法定海域的限制，海洋经济的发展一直受到制约，海洋渔业、海洋船舶工业逐渐萎缩，几近消失。直至 2015 年 12 月 20 日，新的《中华人民共和国澳门特别行政区区域图》正式开始施行，才明确了澳门水域和陆地界限，即 85 平方千米水域管理权，澳门开始重视海洋经济的发展，主要集中于海洋旅游业和海洋运输仓储业。

《规划纲要》提出，澳门要打造"世界旅游休闲中心"，并且"支持澳门科学编制海域中长期发展规划，进一步发展海上旅游、海洋科技和海洋生物等产业"。澳门围绕博彩业增加了多种休闲、度假和会展设施的供给。同时，访澳游客对海洋旅游业至关重要，2019 年访澳旅客达 3940.6 万人次，带来的旅游消费（不含博彩业）超过 640 亿澳门元，2020 年由于新冠肺炎疫情影响骤降到 119.38 亿澳门元。澳门运输仓储业主要分为陆路运输、水路运输、航空运输和运输相关服务等，2019 年澳门运输行业整体增加值总额较上一年提高了 5.99%。如表 4-4-6 所示。

表 4-4-6 2015—2020 年澳门旅游业和运输仓储业

类别	2015	2016	2017	2018	2019	2020	2019 较 2018 增长率 / %	2020 较 2019 增长率 / %
旅游消费总额（不含博彩业）/ 百万澳门元	51128	52662	61324	69687	64077	11938	−8.05	−81.37
人次 / 万人	3071.5	3095.0	3261.1	3580.4	3940.6	589.68	10.06	−85.00
海路人次 / 万人	1141.4	1077.8	1123.6	1035.5	626.76	41.47	−39.48	−93.38
陆路人次 / 万人	1721.1	1776.0	1863.0	2215.3	2930.2	504.57	32.27	−82.78
空路人次 / 万人	208.98	241.33	274.46	329.58	383.67	43.64	16.41	−88.62
运输业总额 / 百万澳门元	6121	6972	7329	7993	8472	—	5.99	—
陆路运输 / 百万澳门元	1511	1985	2235	2356	2901	—	23.13	—
水路运输 / 百万澳门元	859	982	834	782	327	—	−58.18	—
航空运输 / 百万澳门元	826	898	904	1122	984	—	−12.30	—
运输相关及辅助服务 / 百万澳门元	2925	3107	3356	3730	4259	—	14.18	—

数据来源：根据澳门特别行政区政府统计暨普查局相关数据整理

二、湾区海洋经济发展存在的主要问题

（一）海洋经济增长方式粗放，城市间产业同质性严重

粤港澳大湾区具有优越的地理位置、优渥的海洋资源禀赋，海洋产业门类齐全，海洋生产总值在 2020 年之前持续上升，但总体上依然存在大而不强、多而欠精的问题，主要体现为依靠生产要素的扩张和物质资源消耗的粗放型

海洋资源开发模式和海洋经济增长方式。以海洋水产品加工业为例，现阶段的水产品加工在技术上主要是以传统加工为主的鲜加工和初加工，缺少高新技术的深加工和精加工；在制度上滞后、在管理上落后，从而滞缓了海洋渔业的可持续发展。此外，湾区内的海洋资源禀赋具有较多的相似性，各个城市之间由于海洋产业同质性不可避免地出现过度竞争。仅以港口建设为例，湾区内遍布着多个亿吨大港（香港港、广州港和深圳港）及千万吨大港（惠州港、中山港、江门港），功能雷同，竞争激烈。

（二）海洋开发空间结构亟须优化，区域发展失衡较明显

湾区的海洋开发秩序尚待调整，空间结构上的协调性仍需增强。湾区的沿海城市普遍存在着重近岸海域、轻离岸海域的现象，造成港口开发中产生了大量的围填海以及海岸线的硬化，而在离岸海域仅发展航运业和海上捕捞业。湾区内各城市的海洋基础设施差距较大，中心城市（深圳、广州、香港）拥有相对完善的涉海设施和海洋服务体系，而其余节点城市（中山、惠州、江门）的海港码头、海洋公共平台、海底管线、能源供给等难以满足湾区海洋经济快速发展的需要。

（三）海洋科技成果转化率偏低，科技创新能力有待提高

湾区已有为数不少的科研机构，但海洋基础研究和应用研究的原始创新能力相对薄弱，关键性的海洋核心尖端技术自给率低，缺乏拥有自主知识产权的海洋工程装备，核心装备国产化率较低。研发资金来源单一，更多依靠政府投资，社会及企业投资不足，资金来源欠通畅，海洋科技成果转化率偏低，形成商业化、产业化的更少。科研要素的跨境流动不易，科研的协同效应难以充分发挥。

（四）海洋经济区域规划欠缺，综合治理难以实行

湾区分属于三个不同的经济体，在经济制度和行政体制上存在着较大差异，导致区域间海洋经济协同发展不足。湾区城市在海洋经济发展方面都是

独自制定自身的发展规划，而迄今尚无粤港澳大湾区海洋经济总体上的发展战略和统一协调。没有关于湾区海洋经济的统计，甚至在海洋经济的统计口径上港澳与珠三角9个城市都差别甚大，由于数据表达上存在较大差异，使得彼此之间的关联程度低，难以发挥海洋信息资源的整体效益。

三、推进湾区海洋经济协同发展的建议

（一）构建粤港澳大湾区海洋经济合作圈，统筹推动海洋经济高质量发展

基于湾区各城市的海洋资源禀赋、海洋产业基础和海洋生态环境容量，建立湾区海洋经济发展合作协调机制，统筹传统和新兴海洋产业的升级和演化、近海与远海及深海的有序开发，合理定位、分工协作；以湾区四大中心城市（广州、深圳、香港、澳门）为引擎，以5个节点城市（惠州、东莞、珠海、中山、江门）为极点，辐射其余2个节点城市（佛山、肇庆），共建海洋空间发展格局，促进湾区形成稳定的合作圈，推动整个湾区海洋经济的持续增长。

（二）加强沿海基础设施的互联互通，促进海洋生产要素的有序流动

根据陆海统筹、互联互通的原则，结合湾区海洋经济发展方向，有效扩大湾区涉海交通基础设施的供给，将已建成通车的港珠澳大桥与正在兴建的深中通道及未来的深珠通道等海上设施，加上兴建湾区滨海高速公路，组成多层次的陆海立体交通网，提升湾区内的通勤效率和联通效能；推进湾区网络一体化建设，构筑统一的海洋大数据平台；通过自由贸易港打造"一带一路"对外海洋供应链的枢纽门户，加快湾区与周边国家和地区的陆海空基础设施及配套服务的建设，夯实有利于人才、技术、资本、信息等生产要素流动的联通基础。

（三）构筑高效的现代海洋产业体系，形成海洋经济合作新优势

优化海洋渔业、海洋船舶工业等产业发展，促进传统海洋产业的转型升级和绿色发展；巩固海洋交通运输业、海工装备制造业、海洋油气及石油化工业、海洋旅游与文化产业、海洋工程建筑业等优势海洋产业，形成更高端化的海洋产业链；培育海洋药物和生物制品、海上风电、海洋电子信息业等新兴海洋产业，打造海洋经济新的增长点。推进人工智能、数字经济等与海洋经济的深度融合，激发创新，共同推动湾区形成以海洋服务经济和创新经济为主导的现代海洋产业体系。

（四）推动海洋科技协同创新，释放海洋经济发展新动能

整合湾区的海洋生产要素，推进"产学研用"协同创新，改进海洋科技管理体制机制，以海洋企业为主体，充分发挥湾区科研院所（如南方海洋科学与工程广东省实验室）的作用，围绕湾区的"广深港澳"科技创新走廊建设，依托深圳建设全球海洋中心城市的优势，协同解决海洋科技发展中的关键问题，重点推动海洋网络信息体系、海洋环境保护与生态修复、航运保障、海洋卫星遥感等关键性海洋科技创新，引导多元科技投入，发展海洋金融，三地合作设立海洋新兴产业投资基金，推动科技成果转化和产业化，合力促进湾区海洋科学创新的有机融合和协同发展。

（五）强化政府层面的组织联动，协同推进海洋综合治理

善用湾区特有的"一国两制"之利，将粤港澳三地在海洋管理制度上的差异转化为顶层设计，强化湾区内法律法规、制度、文化上的对接与衔接。从整个湾区范围考量，打破地方保护的行政区域壁垒，加快推进海洋基本公共服务均等化，协商解决湾区在海洋资源利用、海洋环境保护和海洋灾害的预防与应对等共性方面的问题，构筑覆盖湾区的海洋空间资源综合监管大数据平台，有效推动湾区海洋经济、社会和生态环境上的协作治理。

（执笔人：刘成昆）

专题篇

海洋经济蓝皮书：中国海洋经济分析报告（2021）
Blue Book of China's Marine Economy (2021)

1
新冠肺炎疫情对中国海洋经济发展的影响分析

摘要： 2020 年新冠肺炎疫情肆虐，对海洋经济造成巨大冲击。本报告对疫情之下中国海洋经济受到的影响进行梳理，发现由于各海洋产业的特点与发展现状存在较大差异，新冠肺炎疫情对各海洋产业的影响时间和深度不同，其中对海洋第三产业的冲击最大。在此基础上，对我国采取的加强疫情防控、出台优惠政策，应用新技术、新模式等措施与取得的成效进行分析。最后，提出后疫情时代我国海洋经济未来发展的政策建议，以实现海洋经济长远发展。

关键词： 新冠肺炎疫情；海洋经济；影响分析

2019 年末，突如其来的新冠肺炎疫情给了中国一个措手不及，影响范围之广、危害之大、持续时间之长都为人类历史所罕见。随着新冠肺炎疫情在全球扩散蔓延，各种国际深层次矛盾集中爆发，国际贸易摩擦增多，对世界经济产生了直接、长远的影响。习近平主席在 2021 年世界经济论坛"达沃斯议程"对话会致辞中指出："人类正在遭受第二次世界大战结束以来最严重的经济衰退，各大经济板块历史上首次同时遭受重创，全球产业链供应链运行受阻，贸易和投资活动持续低迷。各国出台数万亿美元经济救助措施，但世界经济复苏势头仍然很不稳定，前景存在很大不确定性。"海洋经济具有典型的高投入、高风险特征，其高风险性体现在容易遭受气候条件变化、海洋事故及严重疫情的冲击等方面。新冠肺炎疫情在全球范围内持续蔓延，从特征上可以被称为全球大流行，必然会对海洋经济发展带来巨大影响。

一、新冠肺炎疫情对我国海洋经济的冲击

新冠肺炎疫情在我国的发展可以划分为两个阶段。第一阶段是突然爆发与应急控制阶段。2019 年底，新冠肺炎疫情在湖北省武汉市突然爆发，在严峻的疫情形势下，海洋经济受到的负面影响逐渐显现，海洋领域各项生产活动已难以正常有序开展，海洋经济发展遭受重大冲击。第二阶段是常态化控制阶段。境内疫情总体呈零星散发状态，局部地区出现散发病例引起聚集性疫情，境外输入病例基本得到控制，海洋经济在这一阶段逐步恢复。

总体上看，2020 年，受新冠肺炎疫情冲击和复杂国际环境影响，我国海洋经济总量收缩，全年海洋生产总值下降至 80010 亿元，比上年下降 5.3%，出现了 2001 年有统计数据以来的首次负增长。海洋经济生产总值占沿海地区生产总值的比重为 14.9%，比上年下降 1.3%。

（一）冲击产业链条各环节，海洋第一产业短期承压

新冠肺炎疫情对海洋第一产业的负面影响显著，主要体现在生产、运输、销售、消费等环节。产业链各环节存在较高的依存度，在新冠肺炎疫情冲击之下，海洋第一产业的产业链中断，波及产业链的各个环节。对生产环节的冲击主要体现在受疫情防控影响，各地区水产养殖户的各项生产活动，如清塘、消毒、试水、放苗、投喂，均无法正常开展，按照一般生产经验，北方水产养殖户在每年的正月初十会开启新的生产周期，疫情打乱了原有的生产流程。而捕捞业遭受的冲击更为严重，由于渔船船员多为外来务工人员，且出海后渔船环境封闭、海上作业时间长，一旦出现个别疫情隐患，容易引发群体感染，所以各地区严禁渔民出海使得捕捞活动停摆。例如，河北省黄骅市要求 2020 年 2 月 8 日前，所有停港渔船不得出海作业生产。此外，对于异

地的渔业劳动力,至少隔离14天方可出海生产,远洋渔业、近海捕捞所需船员数量不足。浙江省舟山市2020年3月底前开航的远洋渔船仅22艘。在运输环节方面,各地区实施了严格的交通管制措施以降低疫情传播风险,而且海洋水产品所需要的冷链运输是新冠肺炎疫情传播的重要渠道之一。交通运输部印发了《公路、水路进口冷链食品物流新冠病毒防控和消毒技术指南》,高度重视冷链运输的疫情防控工作,导致水产品运输受到较强程度的限制。在销售环节,我国海洋水产品销售渠道主要包括水产品市场、饭店、海鲜加工企业、对外出口等,疫情期间大量水产市场被迫关停,居民生活以居家为主,饭店等的海洋水产品需求也在下降,海洋水产品面临滞销。疫情管控措施对消费环节也带来巨大冲击,考虑到冷链运输过程中存在的病毒传播风险,消费者对购买的海洋水产品的安全性也充满担忧,海洋水产品的交易量大幅减少,餐饮企业退单严重,海洋水产品的餐饮消费几乎归零。因此,新冠肺炎疫情对海洋第一产业存在较大冲击。

(二)行业影响存在差异,海洋第二产业受到制约

海洋第二产业包括海洋油气业、海洋矿业、海洋化工业、海洋船舶工业、海洋工程装备制造业等,各行业的劳动对象和场所存在较大差异,因此受新冠肺炎疫情影响的程度也不同。以海洋油气业、海洋矿业为代表的行业,主要是进行海上作业,现场作业点之间相聚较远,作业人员较为固定,作业期间与社会其他行业人员基本隔离,新冠肺炎疫情对这一类生产的影响较为有限。2020年海洋原油和海洋天然气产量分别为5164万吨和186亿立方米,分别比上年增长5.1%和14.5%,海洋油气业全年实现平稳增长,增加值达到1494亿元,比上年增长7.2%。疫情之下,海洋矿业的采选活动受到的冲击相对较小,实现平稳发展,2020年实现增加值190亿元,比上年增长0.9%。然而也存在部分具有劳动密集型特征的行业,代表性行业如船舶与海工装备制造业,受疫情冲击较大。由于新冠肺炎病毒主要通过口鼻分泌物(包括咳嗽、打喷嚏和说话产生的呼吸道飞沫)传播,人口聚集会加剧疫情的扩散。因此,为防止疫情的蔓延,各地对人口流动和集聚进行严格控制,采取一系

列隔离防控措施。在疫情暴发初期，企业复工面临严格的管控和检测措施，导致员工复工意愿不强，"复工难"的问题在一定程度上影响了企业生产成本及生产效率。在进入疫情常态化防控阶段，尽管员工都已恢复工作，但与疫情暴发前相比，防控标准和紧急事件处置等遵循成本也大大提升。此外，疫情还使得物流和运输行业受到前所未有的冲击，物流和运输资源匮乏，生产原材料和制成品的运输效率都大大降低，疫情也在一定程度上制约了海洋第二产业发展。

（三）影响直接而全面，海洋第三产业遭受重创

海洋第三产业涉及海洋旅游业、海洋交通运输业等产业，具有劳动密集型的特征，运营模式以线下消费为主，且消费过程依赖于人员集聚和流通，而新型冠状病毒肺炎的传染、传播方式主要为呼吸道飞沫和接触传播，减少人口集聚是控制新冠肺炎疫情扩散的最有效渠道之一，因此相关防疫措施对第三产业的影响最为直接。此外，相对于其他海洋产业，海洋第三产业对疫情等灾害的抵御力也是最低的，第三产业以服务业为主，是一个高度环境敏感性行业，极易遭受突发事件的冲击和影响，作为一种非刚性的消费，当消费者认识到自身健康受到挑战时，就会放弃原本的消费计划，使第三产业需求发生巨大波动。海洋旅游业是海洋第三产业的重要组成部分，受新冠肺炎疫情影响也是最大的。2020 年，我国 90%以上滨海景区关停，滨海旅游人数锐减，邮轮旅游全面停滞，海洋旅游业增加值比上年下降 24.5%。同属于海洋第三产业的海洋交通运输业也受到了疫情的冲击，在疫情暴发的初期阶段，中国以及世界上的其他国家和地区纷纷收紧船只的靠港政策，并实行更加严格的检验检疫，全球海运效率在短期内显著减低。随着疫情在世界各国的蔓延，各地封城、停工、隔离等政策使得空白航行数量增加，且订单复苏较慢，船舶成为最具挑战性的工作环境，公司要为船员提供更多病毒和抗体检测，运营成本也在上升。数据显示，在 2020 年，海洋货运量比上年下降 4.1%。整体上，海洋第三产业遭受疫情的冲击最大，增加值出现了首次下滑，比上年下降 9.77%（图 5-1-1）。

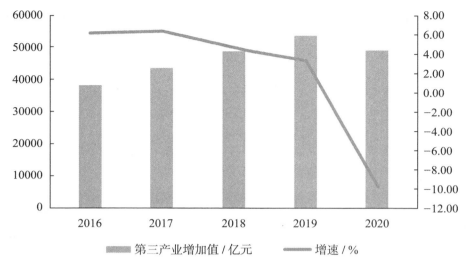

图 5-1-1　2016—2020 年海洋第三产业增加值与增速
数据来源：2016—2020 年《中国海洋经济统计公报》

二、应对新冠肺炎疫情的举措及成效

尽管新冠肺炎疫情对我国海洋经济发展提出了严峻挑战，但在以习近平同志为核心的党中央坚强领导下，沿海地方和涉海部门采取了强有效的防疫措施，同时坚决推进海洋经济高质量发展，优化海洋经济结构，使海洋经济具有了对抗疫情的韧性，除海洋旅游业受到较大冲击之外，海洋经济整体稳健复苏，高质量发展态势不断巩固。

（一）加强防疫

为推进新冠肺炎疫情防控和沿海地区复工复产，实现海洋经济高质量发展，一系列防疫措施有效开展。一是落实日常防控举措。结合自身实际，制定防疫工作方案，细化员工日常疫情防控措施，并严格履行复工流程，每日严格执行出入人员体温检测制度，建立身体健康状况日报告制度；对经营场所、工作场所、密集封闭场所要实行严格的消杀制度；落实企业员工分散就餐、错峰排班，减少会议安排和人员集聚。例如，通过渔业短信平台等各类方式及时向远洋渔船通报疫情信息，并严控船员离船上岸，严控其他人员擅自登船，做好渔船防控。落实海洋企业管控主体责任，加强企业办公场所及在港渔船的消毒防护措施，配备口罩、手套、体温计、消毒剂等必要的防护物资。企业员工工作期间必须佩戴口罩，并对集中办公区域、经营场所、厂房应进行定时强制性通风换气。涉海制造业企业和港口针对重点运输和重点防控环节严密布控，对所有进出港旅客、外来人员和在岗职工开展体温筛检、情况排查，依法依规处置异常情况。海洋旅游业也积极落实各项防控措施，根据防控形势需要并结合旅游度假区等实际情况，对外来车辆及人员做好登记、测量体温等防控工作。二是积极进行防疫宣传。涉海企业充分利用宣传板、微信、电子大屏幕等载体，加强员工防疫知识宣传教育，落实各项管理预案，做到人员管控到位、环境管理到位和制度执行到位。例如，政府部门依托电话、短信、微信等多渠道、多形式、多途径向渔业从业人员、养殖企业户宣传疫情防控知识、提出防疫要求，严格落实上级各项政策措施，做好渔业疫情防控工作。沿海地方政府也出台了相关防疫措施。山东省海洋局印发了《关于统筹推进新冠肺炎疫情防控和海洋经济高质量发展的十条措施》。福建省海洋与渔业局出台《关于应对新型冠状病毒感染的肺炎疫情 促进海洋与渔业持续发展的十条措施的通知》，结合海洋经济发展的具体实际制定相关措施加强防疫工作。厦门市海洋发展局推出多项举措，为企业复工复产提供强力保障。各地政府积极引导涉海企业重视疫情防控工作，认识实施防控措施的主体责任和法律责任，抓好重点关口和关键环节的防控。

（二）出台优惠政策

在以习近平同志为核心的党中央坚强领导下，涉海部门和沿海地方坚决推进海洋经济高质量发展，扎实做好海洋经济领域"六稳""六保"工作，针对新冠肺炎疫情对海洋经济的负面影响，涉海部门和沿海地方推出一系列优惠政策帮助企业有序复工复产，恢复效益，构成了我国海洋经济稳健复苏的根本保障。一是推迟缴纳费用。山东省海洋局制定了《关于统筹推进新冠肺炎疫情防控和海洋经济高质量发展的十条措施》，提出推迟缴纳海域使用金，对因受疫情影响不能按时缴纳海域使用金的企业和个人，可以推迟到疫情结束后首月缴纳。浙江省发布通知，允许企业和个人延期缴纳海域和无居民海岛使用金，延期最长均不超过疫情解除后3个月。浙江省为助力渔业企业复工复产，实施渔业企业缓缴渔业资源增殖保护费等政策。二是加大财政补贴。渔业方面，天津市出台支持渔业发展相关补助政策，计划投入财政资金1500余万元，助力渔业复工复产，丰富水产品市场供给；海洋旅游业方面，以文旅部、财政部为首的国家部门加快了旅游支持、恢复政策的出台，内容包括暂退旅行社交纳的保证金，对交通运输、餐饮、住宿、旅游四类发生亏损的企业，结转年度延迟至8年。三是提供各种金融支持。为了帮助涉海企业渡过疫情难关，青岛市海洋发展局出台了12条意见，帮助企业联系销售渠道、融资渠道，联系银行提供授信3亿元。针对海洋装备制造企业的困难，专门成立了船舶与海工装备产业联盟，联合金融机构互联互通，促进产业链上下游对接，帮助企业解决困难。大连市提出加大信贷支持力度，重点向水产加工等受疫情影响较大行业倾斜，支持产业链条中的中小微企业产业链、供应链融资，创新完善应收账款、存货、机器设备等抵质押业务，探索开展基于出口订单、出口退税单、信用保险保单的"三单"融资，稳定大连市企业正常生产经营。

（三）采用新技术、新模式对冲疫情冲击

在新冠肺炎疫情的影响下，海洋产业发展面临着前所未有的困难，倒闭企业积极探索产业转型，发展新技术，应用新模式对抗疫情对产业发展的冲击。一是采用新技术对冲疫情冲击。疫情刺激技术投资，加速海洋数字化，使得卫星数据解读和无人机技术可以在传统海上巡逻不足的地区限制非法捕鱼；一些应用程序可以在餐馆和市场关闭时连接渔民与当地消费者。在新冠肺炎疫情影响下，海洋渔业领域注重数字经济的运用，一站式渔业综合服务平台"海上鲜"已覆盖41个渔港，采用光伏＋风力发电相融合的5G"海洋牧场"平台"耕海一号"已经交付；海水利用技术取得新进展，开展了100

万平方米超滤、纳滤及反渗透膜规模化示范应用，形成了每年 5000 吨海水冷却塔塔心构建加工制造能力；海洋船舶实现在线交易常态化，利用"云洽谈""云签约""云交付"等模式，在保交船、争订单方面成效显著。5G、人工智能、大数据、无接触服务等技术逐步改变海洋领域传统的流通、消费和服务方式，为公众提供新体验。海上风电场向智能化方向发展，国内首个智慧化海上风力发电场在江苏实现了并网运行。二是采用新模式对冲疫情的影响，为抵消疫情的负面影响，一些企业加大电子商务的应用，在海洋水产品的销售过程中积极拓展线上渠道，大量海产品企业与盒马鲜生、永辉超市等进行合作，通过新零售渠道拓展销量，对冲了疫情对海洋渔业的影响；海洋旅游相关企业积极探索了"虚拟现实＋旅游"的模式，尽管当下数字体验不能完全取代现实世界的旅行体验，但虚拟现实和增强现实技术能够帮助游客在新冠肺炎疫情期间旅行受限时，保持对旅游的热爱，在对抗新冠肺炎疫情对于海洋旅游业的影响方面也具有重要的潜力和价值。与此同时，在海洋管理方面，农业农村部也积极推行渔业船舶和船员相关业务网上办理、自助办理和"不见面审批"等工作方式。

（四）海洋经济抗疫取得积极成效

在疫情防控措施的实施下，各地区高度重视抗疫工作，已建立与常态化疫情防控相适应的工作机制，巩固疫情持续向好形势。在一系列强有效的优惠政策扶持下，海洋经济市场活力不断释放。这些政策在很大程度上对冲了疫情影响，数据显示，2020 年重点监测的规模以上海洋工业企业营收与利润下降情况有所好转，全年营业收入利润率比前三季度增加 0.3%，全年每百元营业收入的成本下降 0.8%。在有效的防疫措施下，我国大部分海洋产业呈现恢复增长的态势。其中，海洋渔业转型升级步伐加快，海洋捕捞得到有效控制，海水养殖实现较快发展，特别是深远海大型养殖装备和水产品电子商务的应用，对冲了疫情对冷链运输的影响，海洋渔业全年实现增加值 4712 亿元，比上年增长 3.1%。在海洋船舶工业方面，疫情倒逼船舶工业结构调整，我国海洋船舶工业实现恢复性增长。2020 年全国新承接海船订单比上年增长 12.2%，海船完工量和手持海船订单降幅收窄。海洋船舶工业全年实现增加值1147亿元，比上年增长0.9%。海洋工程装备制造业继续保持平稳增长，一系列海洋工程项目稳步实施，智慧港口、5G"海洋牧场"平台等新型基础设施建设加快推进。海洋工程装备制造业全年实现增加值1190亿元，比上年增长1.5%。我国海洋交通运输业总体呈现先降后升、逐步恢复的态势。沿海港口完成货物吞吐量、港口集装箱吞吐量分别比上年增长3.2%和1.5%。海洋货运量比上年下降4.1%，但下半年实现正增长。全年实现增加值5711亿元，比上年增长2.2%。

三、后疫情时代中国海洋经济未来发展的政策建议

目前，全世界范围内的新冠肺炎疫情局势仍不明朗，未来中国海洋经济发展过程中还面临疫情常态化的特征。从前文分析来看，在新冠肺炎疫情的影响下，我国海洋经济发展仍面临较大压力，应继续采取相关措施减弱疫情对海洋经济的冲击。从产业结构的角度看，我国海洋经济产业结构已经形成了"三、二、一"的产业格局，第三产业的增加值不断增加，而第三产业比较容易受到新冠肺炎疫情的影响。在当前世界疫情发展形势仍不明朗的背景下，为实现海洋经济的持续健康发展，特提出如下政策建议。

（一）继续做好疫情防控工作以促进海洋经济平稳有序发展

新冠肺炎疫情增加了我国海洋经济发展的不确定性，疫情对海洋经济发展的影响很大程度上来自大面积停工对相关产业链的影响以及防疫措施对居民需求的影响，严防严控、抗击疫情是恢复海洋经济平稳发展的最重要措施。第一，抗击疫情与恢复经济并行不悖，要继续坚持"六保六稳"，精准掌握相关海洋产业在复工复产方面面临的困难，使海洋经济尽快恢复到疫情前的生产水平。第二，要继续加强对人员密集型涉海企业复工复产的防疫工作指导，严防死守，坚决杜绝失管失控现象。第三，尽管我国新冠肺炎疫情已经得到了有效控制，但国际社会的疫情发展形势仍不明朗，要积极构筑防疫的

海上"安全线",因地制宜地安排防疫及安检人员人数,对出入境人员做好申报及统计工作,同时做好海洋进口商品的安全工作,降低外来病毒输入风险。第四,加大疫情相关财政支出,扩大研发、救治、防疫物资、一线医护人员补助的财政兜底范围。

(二)继续完善优惠政策以减弱疫情对海洋经济的冲击

从新冠肺炎疫情来看,资金短缺是旅游业等行业面临的最大困难,未来要继续完善优惠政策。从政府的角度看,第一,继续减免受疫情影响严重的部门尤其是海洋交通运输业、海洋旅游业等行业的增值税。第二,新冠肺炎疫情对海洋经济的冲击不容小觑,涉海部门还要继续有针对性地出台一些资金扶持政策,特别要加大金融政策扶持力度,这对稳定局面、树立信心至关重要,切实解决融资难、融资贵等问题。第三,要针对新冠肺炎疫情影响扩大相关保险覆盖面,尽量减弱新冠肺炎疫情对海洋经济发展的冲击,降低相关产业发展的不确定性,保障海洋经济平稳有序发展。第四,要继续深化改革,进一步加大简政放权力度,优化营商环境,提升企业获得感。

(三)推进海洋产业高效整合以提高产业链免疫力

新冠肺炎疫情使得海洋经济受到前所未有的冲击,但也是一次对海洋产业的"体检",通过全面梳理海洋产业链条,发现薄弱环节,补齐短板。第一,加速推进海洋产业高效整合,加强核心技术研发,提高创新能力,在产业链重要环节和核心技术上取得突破,增强整体竞争力和控制力。第二,聚焦海洋的重点领域、重点行业和龙头企业,强化对中小微企业的帮扶支持,积极推动全产业链协同复工复产,发挥科技在确保产业链稳定方面的重要作用。第三,在海洋产业中建设现代化商贸流通服务体系,发展电子商务、跨境交易平台等,加快推动制造业与商贸流通融合发展,增强供需对接能力;推广云仓储、在线采购等新模式、新场景,提高产业链整体应变能力和协同能力。第四,促进产业链上下游的协同合作,挖掘价值链、企业链、供需链、空间链的信息共享作用,使产业链向快速响应、敏捷柔性方向发展;同时,提高龙头企业对供应链的主导力和管控力，在全球供应链体系中长期稳定地发挥我国海洋产业体系的基础优势。

（四）推动数字技术的应用以挖掘海洋经济新的增长点

我国数字经济发展较好，在一定程度上对冲了新冠肺炎疫情的负面影响，因此数字技术的应用将对海洋经济发展产生极大带动作用。第一，积极发展5G、人工智能、大数据、云计算、物联网等数字技术，满足海洋产业的数据传输、远程指挥等通信需求，运用新技术改造传统工艺，提高海洋企业生产与管理效率，提升海洋企业的创新力和国际竞争力。第二，海洋企业应创新应用网络、信息与软件技术，培育海洋领域的高科技人才推进技术研发，打造线上办公等智慧软件平台，鼓励企业采取灵活有效的工作方式，实现员工能力提升。第三，在后疫情时代，企业应加快建设数字化平台，通过数字技术的无差别复制能力降低企业运营成本，应用新技术进行数字化处理，提高企业运营效率。第四，不同区域具有不同的技术水平，在后疫情时代，加强相互之间的创新合作，可以实现海洋技术及海洋产业更好更快发展。

（执笔人：纪建悦）

2
金融支持中国海洋经济发展的对策分析

　　摘要： 海洋金融是助推海洋经济发展的关键动力之一。"十三五"时期，我国海洋经济发展的金融支持政策体系顶层设计初具框架，金融支持海洋经济发展取得一定成效。我国多种信贷产品齐头并进，为海洋经济蓬勃发展提供了资金支持；蓝色债券刚刚起步，引领了涉海债券驱动海洋经济向高质量发展迈进；涉海基金快速发展，有效拓宽了涉海企业融资渠道；涉海保险不断创新，优化了海洋经济风险分散体系。但目前金融支持我国海洋经济发展仍有不少亟待破解的难题，比如，涉海信贷缺口持续放大，信贷产品的涉海属性难以满足，涉海债券的政府支持力度需要提升，涉海基金的市场运作受限，涉海保险的配套政策有待完善。为此，可以按照细化信贷政策提升信贷服务精准性，多措并举强化政府对涉海债券的引导效果，多管齐下打造海洋产业基金生态圈，进一步发挥海洋保险风险保障作用的总体思路，巩固我国涉海金融发展成果，推动海洋经济更好更快发展。

　　关键词： 海洋金融；发展特征；存在问题；发展对策

　　做大做强海洋经济是建设海洋强国的核心环节，海洋金融是助推海洋经济高质量发展的关键动力，发展海洋金融是建设海洋强国的重中之重。由于海洋经济发展面临巨大的资金需求以及较高的自然风险和市场风险，仅仅依靠金融市场难以充分支持海洋经济发展。因此，政府干预十分必要，需要以政策性金融支持海洋经济发展。现代海洋金融的基本特征是政策性金融与商业金融并举、开放性和排他性并存，产融结合与金融集聚相得益彰。当前中国发展海洋金融面临重大机遇。沿海地区在金融支持海洋经济发展方面具有一定的先进性、代表性，且各具特色。近年来，我国涉海金融从无到有，不断发展壮大，发挥着"蓝色经济引擎"作用，为我国经济由高速增长转向高质量发展提供了源源不断的新动能。

一、金融支持中国海洋经济发展的特征

（一）金融支持政策体系的顶层设计初具框架

近年来，随着我国金融市场的发展，我国涉海金融业务在一系列政策支持与引导下发展起来。2017 年 5 月发布的《全国海洋经济发展"十三五"规划》提出，要加快海洋经济投融资体制改革以更好地促进海洋经济发展。2018 年 1 月，中国人民银行、国家海洋局等八部委联合印发《关于改进和加强海洋经济发展金融服务的指导意见》，这是国家首个金融支持和服务海洋经济发展的综合性、纲领性文件，标志着海洋经济发展金融政策支持体系初步确立。

在该政策支持体系下，我国使用较多的银行信贷、涉海债券、涉海基金、涉海保险等现代涉海金融工具方兴未艾，为我国海洋经济发展提供了不竭动力。未来，深化涉海金融，用好涉海金融工具，是我国金融支持海洋经济向高质量发展的必由之路。

（二）多种信贷产品齐头并进支持海洋经济蓬勃发展

海洋经济的蓬勃发展离不开信贷资金的支持。近年来，支持我国海洋经济发展的银行信贷主要有涉海资产抵（质）押、再贴现再贷款、银团贷款、助保金贷款等信贷工具。多种信贷产品齐头并进，为海洋经济蓬勃发展提供了资金支持。涉海抵（质）押贷款业务推陈出新。抵（质）押贷款是要求借款方提供一定的资产抵押品作为贷款担保，以保证贷款到期偿还的一种贷款方式。企业获得的贷款的抵押品大部分为厂房、土地、大型机器等不动产，但由于涉海企业资产结构的特殊性，涉海企业缺乏合格抵（质）押品，难以通过抵（质）押贷款获得资金。近年来，在一系列政策支持下（表5-2-1），金融机构结合海洋经济特点，加大了涉海抵（质）押贷款业务创新推广，对海洋基础设施和重大项目、产业链企业、渔民等不同主体给予针对性支持。商业银行逐步推出了海域、海岛使用权抵押贷款，船舶、船坞、船台等资产抵质押贷款，以及订单、存货和应收账款质押贷款等。涉海资产抵（质）押贷款逐步发展，一定程度上缓解了涉海企业缺乏合格抵（质）押品的难题。

表 5-2-1　关于涉海资产抵（质）押贷款业务的政策

类型	年份	政策名称	发布机构
涉海资产抵（质）押贷款	2009	《关于进一步做好金融服务支持重点产业调整振兴和抑制部分行业产能过剩的指导意见》	中国人民银行等
	2015	《关于加快转变农业发展方式的意见》	国务院
	2018	《关于促进海洋经济高质量发展的实施意见》	自然资源部等
	2018	《关于改进和加强海洋经济发展金融服务的指导意见》	中国人民银行等
	2018	《关于海域、无居民海岛有偿使用的意见》	国家海洋局

再贴现再贷款助力海洋第一产业振兴。再贴现和再贷款作为结构性货币政策工具，是中央银行向商业银行提供资金的一种方式，具有定向调控和精准滴灌的功能，是中国人民银行支持金融机构扩大中小微企业信贷投放的有效手段。为助力海洋经济发展，中国人民银行、国家发改委等相关部门先后颁布多项政策，推动服务海洋经济发展的再贴现再贷款业务发展（表5-2-2）。2018年，中国人民银行等5个部门联合发布《关于进一步深化小微企业金融服务的意见》，2019年，中国人民银行青岛市中心支行等8个部门联合出台了《关于深入推进金融服务海洋经济高质量发展的意见》，不断为渔业、

交通运输业等涉海领域贷款、小微企业贷款提供支持。2020 年，面对新冠疫情，中国人民银行先后增加再贷款和再贴现额度分别共 3000 亿元和 5000 亿元，支持水产养殖、渔业等领域小微企业和民营企业融资，对企业复工复产发挥了重要作用。

表 5-2-2　关于再贴现再贷款的政策

类型	年份	政策名称	发布机构
再贴现再贷款	2018	《关于改进和加强海洋经济发展金融服务的指导意见》	中国人民银行等
	2018	《关于进一步深化小微企业金融服务的意见》	中国人民银行等
	2019	《关于深入推进金融服务海洋经济高质量发展的意见》	中国人民银行青岛支行等
	2020	《关于多措并举促进禽肉水产品扩大生产保障供给的通知》	国家发改委、农业农村部

银团贷款为重大涉海项目提供了有效融资渠道。银团贷款是由一家或数家银行牵头、多家金融机构参与的银行集团采用同一贷款协议，向同一借款人提供融资的贷款方式，主要服务对象为资金需求量巨大的单位，比如大中型企业、企业集团和国家重点建设项目。近年来，在国家有关部门积极引导下（表 5-2-3），商业银行逐步创新了银团贷款、组合贷款、联合授信贷款等融资模式，广东、浙江、海南等地区大力发展银团贷款、专项贷款、联合贷款、同业合作等融资模式，为涉海大型建造类项目提供巨额信贷资金。

表 5-2-3　关于海洋组合信贷的政策

类型	年份	政策名称	发布机构
银团政策	2018	《关于促进海洋经济高质量发展的实施意见》	自然资源部等

（续表）

类型	年份	政策名称	发布机构
银团政策	2018	《关于改进和加强海洋经济发展金融服务的指导意见》	中国人民银行等
	2018	《关于农业政策性金融促进海洋经济发展的实施意见》	国家海洋局、中国农业发展银行

助保金贷款扶持中小涉海企业发展。助保金贷款重点支持中小企业，在企业提供一定担保的基础上，为其发放贷款。助保金池按照"自愿缴费，有偿使用，共担风险，共同受益"的原则组建，由企业缴纳一定比例的助保金和政府提供的风险补偿金共同作为增信手段，海洋助保贷实质是海洋担保贷款。近年来，福建、海南、广东等沿海地区纷纷建立"海洋助保贷"（表5-2-4），为涉海中小企业提供担保，降低企业贷款成本，解决涉海小微企业的融资问题。

表 5-2-4　关于海洋助保金贷款的政策

类型	年份	政策名称	发布机构
助保金贷款	2017	《关于印发雷州市供给侧结构性改革去杠杆行动计划（2016—2018 年）的通知》	雷州市人民政府
	2018	《关于促进海洋经济高质量发展的实施意见》	自然资源部、中国工商银行
	2020	《关于印发琼海市扶持小微企业助保金管理暂行办法的通知》	琼海市人民政府

（三）涉海债券驱动海洋经济高质量发展稳步推进

债券是支持海洋经济发展的重要融资工具。在加快建设海洋强国的背景下，债券在海洋领域的应用逐渐增多，逐步成为支持我国海洋经济高质量发展的新型融资工具。

涉海债券助力海上粮仓建设。随着我国耕地、淡水资源等生产资源日益紧缺，粮食难以持续增产，粮食安全也面临严峻挑战。与此同时，海洋生物资源具有可再生的优势，发展渔业具有代粮、节粮、促粮作用和生态效应。近年来，在《山东省人民政府办公厅关于推进海上粮仓建设的实施意见》等一系列地方政府政策的支持下，我国债券对"海上粮仓"建设的支持力度逐渐增大。2020年山东省渤海水产综合开发有限公司发行两期债券，共募集资金9亿元，用于支持海上粮仓建设，对于实现藏"粮"于海、维护国家粮食安全、实现海洋经济高质量发展有重要意义。

涉海债券为海洋战略性新兴产业发展赋能。海洋战略性新兴产业以突破重大海洋技术和发展重大需求为基础，能够引领和带动海洋经济长远发展。近年来，我国涉海企业和金融机构纷纷发行债券助力海洋经济项目发展，债券逐步开始在海洋新能源产业、海水淡化与综合利用业、海洋工程装备制造业等海洋战略性新兴产业领域进行布局（表5-2-5）。涉海债券的发展推动了我国海洋战略性新兴产业的蓬勃发展，对于海洋经济高质量发展和加快建设海洋强国具有重要作用。

表5-2-5　债券在海洋领域的应用情况

债券名称	发行期限及募集金额	资金投向
20渤水产债01	10年期4亿元	海上粮仓-贝类养殖项目
20渤水产债02	10年期5亿元	海上粮仓-贝类养殖项目
G16唐新	5年期20亿	海上风电项目以及陆上风电场
16青岛银行	3年期35亿	能效、低碳交通（铁路）、可再生能源（太阳能、风能、水电、地热能和海洋能）、废弃物治理（污染治理、资源节约与循环利用、污水处理）以及生态保护和适应气候变化
17三峡	3年期20亿	大连市庄河和江苏达峰的两个海上风电项目建设
17国投津能	1年期2亿	清洁电力、淡化海水及环保建材
G17龙源	5年期20亿	大连市庄河和江苏达峰的两个海上风电项目建设

（续表）

债券名称	发行期限及募集金额	资金投向
G18 龙源	3 年期 30 亿	福建南日海上 400 MW 风电项目、博白四方嶂风电项目等 7 个风电项目
GC 天成 01	2 年期 10 亿	华能大连庄河Ⅳ1 海上风电场工程
G19 科环	5 年期 9 亿	补充绿色产业流动资金，偿还公司及其子公司绿色产业债务和／或绿色产业项目投资等绿色产业领域的业务发展用途。公司环保业务包括海水烟气脱硫、海水淡化
G19 唐环 1	5 年期 6 亿	东营水务管理 BOO 项目，海水淡化处理提供工业用水；雷州水岛 BOO 项目，海水淡化处理提供工业用水
G21 张江 1	5 年期 10.80 亿	通过直接投资或设立基金投资海洋工程装备创新发展行业等 21 个行业的创业公司

蓝色债券成为海洋经济可持续发展的新动能。蓝色债券是以保护海洋生态环境、促进海洋经济高质量和可持续发展为目的，将所得资金专门用于资助符合规定条件的蓝色项目或为这些项目进行再融资的债券融资工具。随着海洋经济总量不断增大，其地位日益提高，海洋经济可持续发展成为必然要求，蓝色债券应运而生。2020 年 1 月，银保监会在《关于推动银行业和保险业高质量发展的指导意见》（银保监发〔2019〕52 号）中首次明确提出发展蓝色债券，进一步为我国蓝色债券市场发展指明了方向。目前，我国共发行了 4 支蓝色债券，其中境外 2 支、境内 2 支，包括中国银行境外蓝色债券、兴业银行境外蓝色债券、青岛水务集团境内蓝色债券、兴业银行境内蓝色债券。蓝色债券的应用拓宽了涉海企业的融资渠道，对海洋经济可持续发展具有重要作用。

（四）涉海基金快速发展助推涉海企业融资渠道拓宽

基金是引导社会资金推动海洋产业转型升级的重要融资手段。近年来，我国涉海基金快速发展，为涉海企业提供了投融资与补偿担保，助力海洋经济高质量发展。

海洋产业投资基金规模不断扩大。海洋产业投资基金是以多元化投融资模式为依托，持有涉海产业的股权或债权，为涉海企业提供股权或债权形式的直接融资支持。近年来，国家及沿海地方越来越重视对股权投资基金的鼓励和引导（表5-2-6），相继成立海洋风险投资基金、私募股权投资基金和创业投资基金，深耕海洋新兴产业培育，提振了涉海企业信心，加快了实现海洋产业新旧动能转化进程。2018年5月青岛海洋创新产业投资基金有限公司成立，坚持市场化运作、专业化管理的原则，通过"母—子"基金架构，子基金规模达300亿元，发挥放大资本效应，带动了1000亿元的总投资规模。据不完全统计，我国目前已成立或对外公开拟成立的海洋产业投资基金超过10支，目标总规模超过2000亿元，投资集中于海洋新兴产业领域，重点投向智慧海洋、海洋生物医药、海洋健康食品、海洋化工、海洋节能环保、海洋资源与能源开发、海洋工程装备、海洋交通运输、滨海旅游等海洋产业优质项目。目前，政府或国有大型企业主导大部分海洋产业投资基金，为海洋新兴产业领域的涉海中小科创企业提供资金支持，引领海洋产业良性发展。

表5-2-6　关于海洋产业投资基金的政策

类型	年份	政策名称	发布机构
银团政策	2012	《关于印发全国海洋经济发展"十二五"规划的通知》	国家发展和改革委员会
	2017	《全国海洋经济发展"十三五"规划》	国家海洋局
	2018	《关于改进和加强海洋经济发展金融服务的指导意见》	中国人民银行、国家海洋局、发展改革委、工业和信息化部、财政部、银监会、证监会、保监会
	2018	《关于促进海洋经济高质量发展的实施意见》	自然资源部和中国工商银行

海洋风险补偿基金定向支持产业。海洋风险补偿基金是用来对银行等金融机构发放的中小涉海企业贷款进行风险补偿的专项资金。海洋风险补偿基

金通过风险分担的方式大幅提高涉海企业贷款代偿容忍度，引导合作银行将信贷资金投向有涉海资金需求的中小微企业。在相关政策规划引导下，我国各沿海地区建立了针对涉海企业的融资风险补偿基金，各担保机构按规定开展海洋产业相关业务，帮助海洋经济重点产业和企业发展壮大。如福建省莆田市的渔业授信专项风险补偿基金，解决了海洋渔业企业和养殖户的融资问题（表5-2-7）。

表 5-2-7　关于海洋风险补偿基金的政策

类型	年份	政策名称	发布机构
海洋补偿引导类基金	2017	《全国海洋经济发展"十三五"规划》	国家海洋局
	2018	《关于改进和加强海洋经济发展金融服务的指导意见》	中国人民银行、国家海洋局、发展改革委、工业和信息化部、财政部、银监会、证监会、保监会
	2018	《关于促进海洋经济高质量发展的实施意见》	自然资源部和中国工商银行
	2018	《关于农业政策性金融促进海洋经济发展的实施意见》	国家海洋局和中国农业发展银行

（五）涉海保险不断创新促进海洋经济风险分散体系优化

科技赋能助力涉海保险产品创新。依托线上保险交易平台，各保险公司可以拥有更便捷、更廉价的保险营销渠道，而投保人则可以在快速、大量浏览相关信息的同时，准确选择对口保险产品。2019年10月18日，第一个在线保险交易服务平台——航运保险要素交易平台正式上线。针对大湾区的相关涉海产业，该平台为多种创新型航运保险产品提供登记、注册、交易等无纸化服务，简化投保流程，提高投保效率。在海水养殖保险领域，2021年中国太保在业内首创"养殖工船"鱼养殖保险并在海南成功落地首单，为海南省民德海洋发展有限公司"MINDE"号"养殖工船"上黄鲕鱼养殖中的台风、寄生虫侵袭和赤潮灾害等风险提供保障。"养殖工船"鱼养殖保险通过与从船上物联网技术设备对接，对养殖环境全程监控，日常定期和灾前收集养殖数据，一方面可以有效解决传统水产养殖险定损难的问题，另一方面可以起到全程预警作用，降低养殖风险。

渔业互助保险经营模式初具规模。互助保险由于是由有共同需求的人自愿投保参与，具有低成本、普惠性的特点，更适合政策性渔业保险市场发展需要。2019 年 8 月 1 日，广东省政策性渔业保险正式实施，并试行"互保协会＋政府补贴"的运作模式，通过政府牵头增加补助，提高保险覆盖率。以广东省珠海市为例，自政策性渔业保险方案正式出台至 2020 年末，珠海市共办理政策性渔业保险雇主责任险（即人保）850 宗，覆盖渔船 712 艘，渔船覆盖率约 48%；保障船员 1704 人；总保额约 7.4 亿元，总保费约 161.3 万元，其中政府补贴保费金额约 61.7 万元。2020 年 5 月 29 日，农业农村部办公厅、中国银保监会办公厅联合下发《关于推进渔业互助保险系统体制改革有关工作的通知》，确定了"剥离协会保险业务，设立专业保险机构承接"的改革思路，将设立具有独立法人资格的全国性渔业互助保险机构。由此，中国渔业互保协会不再从事保险业务，符合银保监会监管要求的商业性保险机构以"商业机构＋政府补贴"的模式进入渔业互助保险市场。

涉海保险创新产品不断出现。气象指数保险可以有效解决传统财产保险依据单个农户的实际产量定损的难题，只需要达到预先设定的参数即可赔付，可以有效降低投保人的道德风险。2017 年，福建省渔业互保协会联合中国人寿财险推出台风指数保险，根据对应的台风中心最大风速，只要台风影响达到了期初签订保险方案的约定条件，即可在 7 天内获得保险赔付。2020 年 4 月，福建省渔业互保协会又在全国率先推出海水养殖赤潮指数保险。在平潭综合实验区与莆田南日镇渔业养殖海域，根据赤潮面积和赤潮属性开展赤潮指数保险，为符合生产养殖能力要求、管理合规的养殖户提供保障。一揽子保险可以涵盖包括船壳及机器设备保险、船壳附加价值保险、战争险等在内的诸多投保需求。太平财险上海分公司在 2017 年中标"光汇石油海上平台一揽子保险"，涵盖钻井平台离岸财产险、经营者额外费用险、第三者责任险等，为石油钻井平台提供全方位的后台保险保障。此后，2019 年太平财险上海分公司成功续保中海油 2019—2020 年度CDE和CDS船队保险项目，为中海油服旗下共 16 艘海上移动钻井平台提供一揽子保险保障服务。

二、金融支持中国海洋经济发展存在的问题

（一）涉海信贷缺口持续放大

为全面把握我国涉海信贷发展趋势，这里对支持我国海洋产业的银行信贷供需情况进行了测算与分析。一方面，采用金融相关率法和柯布道格拉斯生产函数法对我国涉海信贷需求量进行测算。由于我国缺乏专业的金融资产统计数据，以银行为代表的金融中介是外部资金的重要来源，这里选用银行存贷款余额来衡量金融资产。另一方面，以我国年末金融机构本外币贷款余额来代替金融资产的实际供应量。由于我国金融资产供应量并非全部用于海洋经济的发展，这里以年末金融机构本外币贷款余额中海洋经济在国民经济中所占比例进行同比例分离，以此作为理论涉海信贷供应量。尔后，将海洋经济理论金融需求量和金融供应量进行比较，以衡量我国涉海信贷缺口。基于此，对 2015—2019 年我国涉海信贷供需情况进行测算，结果见表 5-2-8。

表 5-2-8　2015—2019 年我国涉海信贷缺口测算

年份	理论涉海信贷需求量 / 亿元	理论涉海信贷供应量 / 亿元	缺口总额 / 亿元
2015	208341.14	106506.56	101834.58
2016	231490.88	107389.81	124101.07
2017	256912.77	124063.20	132849.57
2018	281076.45	141947.53	139128.92
2019	307119.00	160457.26	146661.74

根据表5-2-8，"十三五"期间，我国涉海信贷需求量与供给量均呈现递增趋势。理论涉海信贷需求量由2015年的208341.14亿元上升到2019年的307119.00亿元，表明我国海洋经济的发展离不开大量的资金支持。理论涉海信贷供给量由2015年的106506.56亿元上升到2019年的160457.26亿元，表明我国涉海信贷供给量持续攀升，为我国海洋经济的高质量发展提供了动力。但是，我国涉海信贷需求量的增幅大于供给量增幅，这说明我国海洋经济对资金的需求一直没有得到满足。与此同时，随着海洋经济的持续发展，我国涉海信贷缺口逐渐拉大，到2019年，我国涉海信贷缺口达到146661.74亿元，远大于2015年的101834.58亿元。可见，尽管我国在大力发展涉海信贷上做出了努力，但我国涉海信贷缺口仍在持续放大。我国海洋经济发展所需的资金支持面临滑坡。因此，加强海洋产业领域的投融资力度是支持我国海洋经济发展的迫切要求。

（二）信贷产品的涉海属性难以满足

涉海抵（质）押品限定严格。合格抵（质）押品的缺乏使得涉海企业融资难度加大。由于海洋产业的特殊性，涉海企业资产结构中，海产品、船舶、机器设备等专用设备占比较高。区别于一般抵（质）押品，海域使用权和收益权也是涉海企业特殊的资产形式，但在一般情况下，该类资产难以获得抵（质）押贷款。涉海企业合格抵押品较少的问题长期得不到有效解决，商业银行尚须根据涉海企业特性扩大涉海抵（质）押品范围。

专属性信贷产品供给不足。海洋经济涉及众多行业，行业特点的不同决定其对资金需求的数额与方式不同。例如，渔业具有季节性特征，在捕捞旺季资金需求旺盛，导致渔业具有较强的季节性资金需求规律。目前，商业银行尚未针对不同类型海洋产业或企业的不同资金需求模式而"量体裁衣"设计信贷产品，这使得涉海企业融资需求和信贷供给难以匹配。

（三）涉海债券的政府支持力度需要提升

政府债券对海洋经济的支持有待提高。目前，我国涉海债券的发行主体多为涉海企业和金融机构，政府债券中鲜有涉及涉海债券。政府债券的缺失一方面使得社会资本参与海洋基础设施建设的兴致不高，难以有效募集更多社会资本参与海洋经济发展；另一方面，由于政府债券具有一定的政策导向作用，政府债券在海洋领域应用的缺失使得财政资金的杠杆和引导作用发挥不到位，地方政府在支持海洋经济发展中投入较少且较为分散，难以形成资金使用的合力。

涉海债券信息披露不全。我国已发行的绿色债券超过半数没有进行环境信息披露，涉海债券也不例外。环境信息披露制度不健全，投资者缺乏环保信息了解渠道，极大降低了其参与涉海债券的积极性。此外，"报喜不报忧"的信息披露现象在债券市场上长期存在。多数披露报告仅对正面信息进行披露，而忽视债券运行中的负面信息，对募集资金使用的合规性风险以及项目的环境风险更是鲜有披露。尤其是涉海项目具有研发周期长、资金回收慢、不确定性大等特点，涉海项目的信息披露制度亟须完善。

学科交叉特点难以满足。债券在海洋领域运用的学科交叉特点难以满足。涉海债券的发行具有明显的学科交叉特征，涉及经济学、金融学、海洋学、环境学和生态学等多个学科领域。但是，目前涉及经济、金融和海洋领域的跨学科人才紧缺，难以满足涉海债券发行过程中的一系列要求。

（四）涉海基金的市场化运作受限

优质涉海基金项目选择困难。对于各类海洋基金来说，选择具有发展潜力的优质涉海项目十分困难，尤其是海洋产业投资基金的投资范围受到产业和区域的双重限制严重，使投资项目的选择更加困难。当前，海洋基金面临可遴选项目有限、项目的遴选风险较高、项目储备少等项目选择困境，使得需要基金支持的海洋产业受益不足。

金融投资与海洋产业综合性人才匮乏。海洋产业涵盖领域非常广泛，海洋基金的运作对既有金融投资经验、又具备海洋产业领域相关专业知识的人才需求十分迫切。然而，现阶段，我国海洋基金的管理机构多由基金发起机构成立，与专业投资机构或者基金管理机构的合作有待深化；其管理力量以国有企业、政府相关单位人员为主，缺乏具备金融投资与海洋产业背景的综合性人才力量，阻碍了涉海基金的高效率市场化运作。

（五）涉海保险的配套政策有待完善

保费补贴细则有待完善。2013 年 6 月 25 日，国务院发布《关于促进海洋渔业持续健康发展的若干意见》，指出要创新金融产品和服务方式，完善保险支持政策。在国家无明确财政预算的背景下，渔业保险等涉海保险项目并未纳入各级政府的经常性预算，更无稳定预算科目和预算标准。由于国家级财政政策缺失，其保险补贴政策多是从项目性预算列支，存在标准不固定、不统一、不稳定的问题。

经营模式选择合理性有待提高。涉海保险涉及渔业保险、航运保险、灾害保险等多个类目，致灾风险特征各异、运行供需要求各异，造成了纯商业保险、互助保险和社会保险等不同经营模式并存。由此造成了法律监管、业务监督、损失厘定的复杂性和差异性。涉海保险市场的成熟，亟须协调不同类型涉海保险的运营需求，制定体现差异化、系统化的监督管理制度，以专业的管理机构、适度的风控标准，实现市场发展合规管理与风险评估科学研判。

三、金融支持中国海洋经济发展的对策

（一）细化信贷政策以提高涉海信贷服务精准性

丰富涉海信贷产品，加大支持力度。一是鼓励商业银行等金融机构进一步丰富涉海信贷产品，拓宽涉海抵（质）押品范围，引导和鼓励发展船舶、海工装备融资租赁等业务，研究、开发、推广海域使用权、在建船舶、水产品仓单及码头、船坞、船台、油罐等特殊资产作为抵（质）押品的涉海抵（质）押贷款业务。例如，广东省实施"金融助力"工程，金融机构围绕海洋渔业产业的特点，创新开发海域使用权抵押贷款、渔船贷、养殖贷、船贷宝等特

色海洋信贷产品；福建省鼓励发展以海域使用权、无居民海岛使用权、在建船舶等为抵质押担保的贷款产品。二是引导商业银行结合涉海企业资产结构的特殊性，积极与各类担保机构合作，根据涉海企业特性，不断创新担保方式，积极探索推出股权质押、港口物流融资等担保方式。三是依托亚洲基础设施投资银行、金砖国家新开发银行、上海合作组织开发银行、"丝路基金"等金融机构，强化涉海信贷等金融合作。

提升涉海信贷服务专业化水平和精准度。一是加快设立海洋开发银行等专业化涉海金融机构，为海洋经济的高质量发展提供精准化信贷服务。二是加快修订发布海洋产业投融资指导目录，建立海洋经济融资项目库。商业银行根据指导目录，结合涉海企业的地域、规模和行业属性，逐步开发出有针对性的信贷产品，不断提升信贷服务精准度。三是鼓励商业银行不断探索适销对路的高质量信贷产品，逐步提高信贷服务的精准度，为海洋经济发展提供精准服务。

（二）多措并举强化政府对涉海债券的引导效果

促进涉海债券发行主体多元化。随着海洋经济在国民经济中的地位日益重要，多元化的涉海债券能够为海洋经济发展提供充足的资金支持，强化政府债券的引导作用，激发金融机构和涉海企业的融资活力，是涉海债券助力海洋经济高质量发展的根本动力。一是加强政策引导，债券在海洋领域的应用尚处于起步阶段，应当充分发挥政府债券的政策导向作用，吸引社会各部门的资金，为海洋经济发展提供更为充足的资金支持。二是应当积极利用专项债券支持海洋经济发展，李克强总理在十三届全国人大四次会议上所作的政府工作报告中指出，2021年拟安排地方政府专项债券3.65万亿元，优先支持在建工程，合理扩大使用范围。对于国家重点支持的海洋基础设施建设项目，地方政府应坚持突出重点，集中资金支持重大在建海洋工程建设和补短板并带动扩大消费，助力海洋经济发展。三是破除金融机构和涉海企业发行涉海债券的阻碍，缓解涉海项目的融资难题。

完善涉海债券信息披露制度。参考绿色债券市场的交易经验，有关部门要明确发行方的信息披露义务，明确蓝色债券发行方信息披露内容、披露条件、披露时限的强制性要求，规范债券市场的信息披露秩序。一是根据涉海企业发行主体的经营状况、蓝色债券特点，详细调研债券市场信息使用者的信息需求，完善蓝色债券信息披露规则。二是细化承担信息披露的主体、内容，根据海洋经济发展情况适时进行调整，同时增强海洋发行主体信息披露意识，实行国家监管和社会监督相结合的信息披露监管制度。三是进一步健全和规范信息披露体系，加强对债券发行人的现场检查，督促发行人在债券存续期内及时、充分、完整披露涉海公司经营有关信息，加大对违规行为的处罚力度。不断提高债券市场信息披露要求，逐步改善债券市场信息透明度，进而提升投资者的积极性，为海洋经济发展和海洋环境保护提供更多资金支持。

大力培育跨学科涉海智库。随着海洋经济融资需求逐渐增大，涉海债券发展日益呈现出学科交叉特征。大力培育跨学科涉海智库是涉海债券发行与运行的基础与保障。政府应高度重视跨学科智库建设，以满足海洋项目的融资需求。比如，绿色金融领域有中国金融学会绿色金融专业委员会，清华大学、中央财经大学等多所高校设立的绿色金融研究中心或研究院，以及众多的地方性绿色智库，有效推动了涉海企业绿色转型。在蓝色经济领域，地方政府应主动联合高校，建立蓝色智库，比如山东省政府部门联合中国海洋大学等高校和科研院所成立海洋发展智库，福建省政府部门联合厦门大学成立海洋智库。通过跨学科涉海智库的培育，发挥涉海智库组织、专业和人才优势，联合金融机构、企业和政策制定部门，为海洋经济发展提供更多资金支持，有效推动海洋经济高质量发展。

（三）多管齐下打造海洋产业基金生态圈

突破区域隔离，创新服务模式。一是各地逐渐减少行政控制手段，提高投资区域自由度，突破区域隔离，加强对海洋领域产业链的培育。二是各地区不断对业务进行开拓创新，投放于关键技术的研发应用和风险高的成长型企业，使基金的业务供给能高度回应涉海产业发展的需求。比如浙江省为提升渔业发展，其海洋产业投资基金除参股浙江省水产种业公司进行股权投资外，还开发了渔业资源资产收益权产品、渔船更新改造金融支持产品等系列创新业务。三是鼓励和引导涉海企业直接融资，支持涉海中小企业投融资路演常态化，加大海洋产业基金对科技型涉海企业的支持力度。

强化专业型、复合型涉海金融人才培养。一是扩大海洋教育规模，加强涉海金融学科建设，培养具备金融投资与海洋经济知识的专业型、复合型高素质涉海金融人才。二是要创新金融人才培养体制机制，完善专业型、复合型涉海金融人才培育载体，大力引进具有国际影响力的海洋金融专业人才，外引与内培相结合建立海洋金融人才数据库，拓展人才选用范围。三是借力跨学科涉海智库，形成常态化涉海金融人才培训，持续提升涉海基金管理人的投资、风控、合规及运营管理能力，使涉海基金管理专业化程度不断提高，助力海洋经济高质量发展。

（四）进一步发挥海洋保险的风险保障作用

提升海洋保险覆盖面和保障范围。保险业要立足于保障的根本属性，通过产品与商业模式创新，提升海洋保险的渗透率，拓宽海洋灾害损失补偿渠道，提高海洋保险对海洋灾害损失的补偿比例，发挥海洋保险的经济补偿的功能，实现风险分散和转移。一是要创新保险产品，创新港口保险、航运保险、船舶保险和海洋环保责任险等险种，保障海洋交通运输业、船舶工业和海洋油气业稳定发展。二是完善渔业保险，一方面，提高渔业政策性保险覆盖面；另一方面，开发天气指数保险，建立海水养殖业巨灾保险基金，提高海上养殖业的抗风险能力。三是推广海外投资保险、短期贸易险，扩大出口信用保险在海洋领域的覆盖范围，支持海洋经济领域对外开放的需要。

充分发挥海洋保险的风险管理功能。海洋保险要充分利用其经济补偿与风险控制两大功能，通过利用海洋保险的优势，对风险进行专业化管理，提升风险管理的水平，为海洋经济领域的防灾减灾提供有力支持。要基于客户的风险管理需求，紧密结合海洋经济发展中产业转型升级带来的风险管理需求，同时着眼于灾前预防和灾后赔偿两大目的，完善海洋风险管理体系，及时提供风险防范和保障支持，提升海洋保险的核心竞争力，从而为社会创造价值。

（执笔人：赵昕、郑慧）

3
国际海洋产业发展比较分析

摘要： 随着全球海洋产业格局调整和海洋科技创新步伐的不断加快，主要海洋国家根据自身资源禀赋优势，加快调整本国海洋产业发展布局。发达国家凭借本国资本和技术的优势，不断提高海洋产业的技术含量，向资本密集型产业转移。新兴国家抓住海洋产业转移的机遇，利用本国的廉价劳动力和强大的市场需求优势，加快发展海洋产业。本报告总结了全球海洋产业发展的基本情况以及我国海洋产业的全球地位和突出优势，分析了全球背景下我国海洋产业发展存在的差距，并基于对海洋产业发展环境的基本判断，提出了未来全球主要海洋产业的发展趋势。

关键词： 国际；海洋产业；地位；劣势；趋势

一、全球海洋产业发展情况及我国的地位

（一）全球海水养殖保持较快增长，我国占据重要地位

当前，世界水产品需求持续保持较快增长，全球人均鱼类消费量已创下每年 20.5 千克的新纪录。沿海各国的近海渔业资源基本上处于过度或饱和开发阶段，公海渔业资源争夺日趋激烈，因此海水养殖被寄予厚望，成为海洋

渔业增长中最具潜力的增长点。根据粮农组织统计的全球海水养殖数据显示，2018 年世界海水养殖产量再次创下历史新高，达到 3038 万吨。海水养殖全球总产量 2001—2018 年年均增长 5.3%，海水养殖对全球鱼类总产量的贡献已从 2000 年的 25.7% 升至 2016 年的 46%。2018 年，养殖鱼类消费占比达到 52%，从长期看，预计还继续保持增长态势。未来 10 年全球渔业产量将增加 20%，整体驱动力将主要是海水养殖。我国在全球海水养殖领域始终位居领先地位，2018 年我国海水养殖产量为 1851 万吨，约占世界海水养殖产量的 60%。同时，近年来我国大力推广稻渔综合种养、深水网箱养殖、池塘生态健康养殖等养殖模式，以及循环水、底排污、零用药等节水减排养殖技术，为全球海水养殖业绿色发展提供了中国经验。

（二）全球船舶海工产业艰难前行，我国国际市场份额保持领先

国际金融危机以来，世界船舶和海工装备产业遭受严重冲击艰难前行，特别是 2020 年由于新冠肺炎疫情暴发等因素影响，世界经济继续下滑，船海市场持续低迷，全球船舶完工量 8944 万载重吨，同比下滑 9.4%，全球新船成交量同比下降 30%，海工市场成交金额同比下降 25%。截至 2020 年底，全球船舶手持订单仅 15891 万载重吨，较年初萎缩 19%，创 2003 年以来最低。在新冠肺炎疫情全球蔓延、世界经济复苏放缓、船海市场需求不足、生产成本迅速上升等背景下，2020 年我国船海国际市场份额仍保持世界领先，造船完工量、新接订单量、手持订单量以载重吨计分别占世界总量的 43.1%、48.8% 和 44.7%；我国承接各类海工装备 25 艘/座，合计金额为 20.4 亿美元，占全球市场份额的 35.5%。龙头企业竞争能力进一步提升，分别有 5 家、6 家和 6 家企业进入世界造船完工量、新接订单量和手持订单量前 10 强。

（三）全球海水淡化产业产能快速增长，我国规模化增长进程缓慢

鉴于海水淡化的有效性和经济性，海水淡化已成为全球水资源发展的重要战略之一。美国、中东等国家和地区的海水淡化历史悠久、技术成熟，沙特阿拉伯、以色列等国约 70% 的淡水资源来自海水淡化，特别是沙特阿拉伯

高度重视海水淡化，是全球最大的海水淡化国，占世界海水淡化总量的 1/5。日本、西班牙等国为保护本国淡水资源也竞相发展海水淡化产业。海水淡化产业经过了几十年的成长，技术不断革新并日趋成熟，已度过行业初创阶段。从世界范围内来看，海水淡化产业在过去的 20 年内，基本上保持了 20% 到 30% 的高增长率。截至 2019 年底，全球已签约海水淡化工程规模约 1.1 亿吨 / 日，应用范围遍及 160 多个国家和地区。海水淡化单厂规模日趋大型化，10 万吨 / 日以上的工程已经成为市场建设主体，并出现了多座日产百万吨的超大型淡化厂。2019 年全球新签约 30 万吨 / 日及以上海水淡化工程 5 座，占总签约工程规模的一半以上。特别是阿联酋投资建设的 90 万吨 / 日反渗透海水淡化厂在 2019 年 10 月启动建设，是全球最大的在建项目。我国也是淡水资源极度缺乏的国家之一，较早就利用海水替代工业冷却水，但是海水淡化却是进入 21 世纪以后才逐步发展起来的。随着国家和沿海各级政府部门对海水淡化的政策支持力度不断加大，我国海水淡化技术日趋成熟，已掌握反渗透和低温多效海水淡化技术，形成了具有自主知识产权的万吨级海水淡化技术。然而受成本、机制等因素制约，我国海水淡化市场化进程与中东等国家相比还有较大差距，截至 2019 年底，我国已建成海水淡化工程总规模为 157.4 万吨 / 日，实现海水淡化规模化发展任重道远。

（四）全球海上风电产业发展势头强劲，我国新增装机容量居首位

全球海上风电起步于 20 世纪 90 年代初的欧洲市场，1991 年丹麦投产全球首个海上风电项目，装机容量为 5 MW。进入 2000 年，更多欧洲国家开始关注海上风电，开展了一系列的实验和示范性项目，但规模都非常小。2009 年后，英国和德国开始建设单体容量大于 30 万千瓦的海上风电场，海上风电新增装机规模逐渐增大。截至 2020 年底，已有 16 个国家和地区开始使用海上风电。根据全球风能理事会（GWEC）发布的数据显示，2020 年全球海上风电新增装机超过 6 GW，为历史最高水平。中国海上风电新增装机容量连续三年居世界首位，2020 年新增海上风电并网容量超过 3 GW，占到全球增量的一半，荷兰、比利时分列第 2 和第 3 位。截至 2020 年底，全

球海上风电累计装机容量 35 GW，在过去五年中增长 106%，英国依然是海上风电累计装机容量最多的国家，中国海上风电累计装机容量超过德国，位居全球第二位。

（五）全球海洋能利用逐步兴起，我国潮流能发电进入商业化

全球海洋能资源丰富，理论上年可发电 2000 万亿千瓦时，是目前全球发电量的 70 多倍。大力发展海洋能产业已经成为许多沿海国家应对全球气候变化、实现可持续发展的重要途径。一直以来全球海洋能以潮汐能为主，但近年来潮汐能电站建设缓慢，最新的是 2011 年建成运行的韩国始华湖潮汐电站，新建海洋能电站以潮流能和波浪能电站为主。全球海洋能产业以欧洲地区发展最快，2019 年全球潮流能和波浪能累计装机达 55.8 MW，其中 38.9 MW 位于欧洲地区；58% 的潮流能机构和 61% 的波浪能机构位于欧洲地区；2003—2017 年，欧洲在海洋能领域投资累计达到 35 亿欧元。潮流能电站近年来建设较快，其中英国 MeyGen 潮流能发电场项目累计发电量超过 1900 万千瓦时。波浪能技术以示范为主，单机以百千瓦级居多，技术种类较为分散。温差能发电及综合利用建成了多个小型示范电站。我国近年来开始关注海洋能的开发利用，特别是在潮流能技术和应用方面，浙江舟山联合动能新能源开发有限公司研制的 LHD 模块化潮流能发电机组于 2016 年 8 月并网，现已实现近五年连续运行，累计向国家电网送电量超过 200 万千瓦时，我国已成为世界上为数不多的掌握规模化潮流能开发利用技术的国家。

（六）全球海洋药物和生物制品业快速发展，我国处于全球第一梯队

海洋药物与生物制品业对于人类健康、经济发展具有重要意义，是世界发达国家竞相开展战略布局的新兴产业之一。欧洲、美国、日本等发达国家的药品监管机构已经相继批准了 13 个海洋生物药物上市，含 10 种小分子、1 种多糖及 2 种蛋白类海洋药物，主要应用于抗肿瘤、抗病毒、抗菌、镇痛等。目前全球海洋药物和生物制品业规模已达 400 亿—500 亿美元，并保持年均

15%—18%的高速增长趋势。海洋生物资源是开发新型药物的资源宝库，开发海洋创新药物已经成为现今世界医药工业发展的重要方向，各制药强国均在不断加大投入，如美国国家研究委员会（National Research Council）和国立癌症研究所（National Cancer Institute）、日本海洋生物技术研究院（Japanese Marine Biotechnology Institute）及日本海洋科学技术中心（Japan Marine Science and Technology Center）、欧共体海洋科学和技术（Marine Sciences and Technology）等机构每年均投入上亿美元作为海洋药物开发研究的经费。在产业规模上，我国与美国、欧洲、日本均位居全球第一梯队。在海洋生物制品领域，近两年来，我国有4个海洋药物进入临床研究，在体内植入用超纯海藻酸钠系列高端医疗器械、新冠病毒诊断试剂等方面取得突破。2019年11月，我国国家药品监督管理局有条件批准轻度至中度阿尔茨海默病药物甘露特纳胶囊上市。

（七）全球海运业发展低迷，我国海运市场异军突起

2021年1月，联合国贸易和发展会议发布了《2020全球海运发展评述报告》，提出全球海运业目前正处于发展的关键时期，不仅需面对新冠肺炎疫情带来的冲击，还面临着供应链形态和全球化模式的转变，大众消费和支出习惯的升级，以及风险防控及全球可持续发展的挑战。特别是新冠肺炎疫情引发了全球卫生和经济危机，颠覆了海运和贸易格局，对海运发展前景产生重大影响。据联合国贸易和发展会议估算，2020年国际海运贸易量较2019年下降4.1%。疫情造成供应链中断和需求萎缩，全球经济受到罕见的供需双重冲击。反观我国，由于我国国内疫情在较短时间内得到有效控制，经济逐渐复苏，工业生产快速恢复，国内产品供应全球市场，出口贸易需求迅猛，2020年，我国规模以上港口货物吞吐量达到145.5亿吨，与2019年同期相比增长4.30%。据海事咨询机构Sea Intelligence的分析数据，2020年前三季度全球主要港口的集装箱增速大都仍处于负增长区间，而我国宁波舟山港、广州港、青岛港和天津港的集装箱吞吐量均保持不同程度的正增长趋势，反映出我国市场恢复较好。

二、全球背景下我国海洋产业发展劣势

（一）海洋制造业大而不强，仍处于全球产业链低端

虽然中国海洋制造业的主要指标位居世界前列，但在产品创新、技术攻关、管理优化、智能制造等方面，仍旧与发达国家存在不少差距。以海工装备产业为例，目前，世界海洋工程主要装备及其配套设备系统研发设计以美国、欧洲为核心，制造以新加坡和韩国为主，基本形成了"欧美设计，亚洲制造"的总体格局。从全球范围看，海洋工程装备制造业可分为三大阵营：第一阵营包括欧美和日本。其优势在于开发设计、工程总包和关键设备配套，占据产业价值链的高端，具备超强的核心技术研发能力，主宰海洋工程总包。第二阵营包括韩国和新加坡。其优势在于总装制造，占据产业价值链的中端，具备超强的建造和改装能力，在高端海洋油气装备模块建造、总装、安装调试方面占有主导地位。第三阵营包括中国、阿联酋、巴西、俄罗斯、越南、印度和印度尼西亚等国家，位于海洋工程装备制造业的低端，主要以中低端产品制造为主，从事浅水装备的建造、改装和修理等。工信部发布的《海洋工程装备制造业持续健康发展行动计划（2017—2020年）》也提出，到2020年，中国海洋工程装备制造业专用化、系列化、信息化、智能化程度不断加强，产品结构迈向中高端，力争步入海洋工程装备总装制造先进国家行列。

（二）海洋产业投融资难题短期内难以得到有效缓解

融资难、融资贵是海洋产业，尤其是高技术型海洋企业发展面临的主要难题。以船舶工业为例，船舶行业融资难的问题长期存在，2020年新冠肺炎疫情的突然爆发导致船企资金压力加剧。特别是部分经营状况良好、产品质量优、国际竞争能力较强的骨干船舶企业，由于不能及时获取保函，接单和生产经营出现难题。但部分金融机构对船舶企业融资仍然采取"一刀切"做法，缩减造船企业保函总量、不予开立船舶预付款保函或延长开立周期的现

象时有发生。船舶行业产融结合工作仍有差距，未充分体现中央经济工作会议要求的落实有扶有控差异化信贷政策。在海洋清洁能源领域，融资渠道一般包括财政融资和市场融资。初期，资金来源基本为政府的财政融资，然而我国各级政府对海洋清洁能源的财政投入仍有待进一步提高，财政融资相比较市场融资而言，还存在融资渠道单一、融资范围狭窄问题。

（三）海洋高端服务业的国际竞争力有待加强

作为海运大国，我国沿海港口完成的国际海运量约占全球海运量的30%，但我国海运服务贸易仅占全球的6%，除传统航运服务功能尚可外，船舶登记、航运金融、航运保险、海事仲裁等高端服务能力有限、层级偏低，缺少国家层面统筹下的合理布局与有效指导，国际竞争力总体不强。

（四）海洋新兴产业发展与国际先进水平差距较大

新兴海洋产业包括海洋电力、海水淡化与综合利用、海洋生物医药、深海资源开发等。以海水淡化与综合利用为例，国际上海水淡化技术已相对成熟，已商业化应用的海水淡化技术主要有反渗透、低温多效蒸馏和多级闪蒸。我国海水淡化技术水平和应用推广方面与国外相比还有很大差距。第一，在反渗透技术方面，反渗透膜、高压泵和能量回收装置三个核心部件中，虽然反渗透膜在国内已建成规模化生产线并得到一定范围的推广应用，但关键性能与国际先进水平差距明显，且高端膜材料和制膜装备基本依赖进口；高压泵、能量回收装置等方面虽已实现国产化，但与国外相比，产品效率不高、稳定性不足。第二，在多效蒸馏技术方面，国产蒸汽喷射泵调控范围和效率低于国际先进水平，国产钛合金和铝合金新型传热材料在传热效率和长寿命、耐腐蚀性方面与国际相差较大。第三，在技术应用推广方面，我国自主核心技术引领性不强、产品性能稳定性不足、装备质量成熟度不够、应用规模不大，国内自主生产的反渗透膜、高压泵、能量回收装置等海水淡化关键设备，因缺乏大型工程化验证与应用经验，难以与国外公司竞争。

三、全球海洋产业发展趋势

海洋资源被视为可以大规模投资的领域，海洋产业将继续成为世界主要沿海国家经济发展的主攻方向。经合组织海洋经济数据库的测算结果显示，2030 年全球海洋经济产出将超过 3 万亿美元，占世界经济增加值的 2.5%，预计超过一半的海洋产业的产值增速将超过全球经济增速。

（一）海洋渔业——海洋捕捞管控力度加大，海水养殖延续快速增长态势

海洋渔业中的海洋捕捞和海水养殖，未来将呈现完全不同的发展趋势。过度和非法捕捞导致海洋渔业资源不断衰退，对海洋捕捞的管理制度日益严格。海水养殖得益于技术进步、海洋捕捞的反向影响和市场需求的增加将呈现快速增长的趋势，但增速呈递减趋势。世界银行预测水产养殖业从现在到 2030 年期间将持续增长，但速度会下降，到 2030 年将降至每年低于 2%。海水养殖业如果要维持更高的增速，需要在许多方面取得重大进展，包括减少沿海地区水产养殖场对环境的影响、改善病虫害管理、大幅提高肉食性鱼类的非鱼饲料比例以及海水养殖作业所需的工程和技术取得更快和更多进步。

（二）海洋交通运输业——海运贸易增速将有所下降，港口发展继续保持增长

在全球范围内，海运贸易的发展与国内生产总值的实际变化密切相关。一般来说，国内生产总值增长 1%，海运贸易将增长 1.1%（以吨计）。基于此，有学者预计 2020—2029 年海运贸易年均增长 4.0%，2030—2040 年海运贸易年均增长 3.3%。在港口方面，从 2020 年全球港口集装箱吞吐量排名来看，全球排名前 10 位的港口中，中国占据 7 席，其中上海港连续 10 年稳居世界第一，也是全球连通性最好的港口。预计至 2030 年，这一趋势基本保持不变或略有变化。中国正在大力进行港口整合，也可能有新的港口挤进全球前 20

位。根据经合组织国际交通论坛的预测，在常规路径发展情况下，估计 2030 年全球港口活动的直接增加值大约为 4730 亿美元，全球港口吞吐量将足以提供 420 多万个全职的直接就业岗位。

（三）海洋船舶工业——产能过剩依然存在，但未来一段时期产业将保持持续增长

海洋船舶工业的增长受潜在的全球贸易扩张、能源消耗和价格、船龄结构、船舶退役、报废和更换、货物类型和贸易方式的变化等一系列因素的影响，同时海洋船舶工业的增长很大程度上还取决于现有产能。联合国贸易和发展会议（UNCTAD）发布的《2019 年海运报告》显示，全球船舶运力过剩的局面依然未能得到根本性的改善，全球造船市场的供过于求可能会持续到 2030 年。尽管存在着过剩现象，但在未来 20 年新建造需求可能还是会大幅增长。海洋船舶工业除了依赖于海运贸易的未来发展趋势，还与海洋油气、海上风电、海洋旅游、海洋渔业有很大关联，平台供应和维护船、海上风机安装船等的建造预计在 2030 年以前将保持大幅增长。此外，尽管目前油价较低，但对钻井船、半潜式钻井平台、浮式生产装置等的需求预计至少在中长期内保持稳定。

（四）海洋油气业——海洋油气产量将继续保持增长，但增速有所差异

2019 年，全球能源产量中，海上油气产量合计占比达 17%；全球原油产量中约 27% 来自海上，约为 12.47 亿吨油当量或 2500 万桶 / 天，占到海上能源产量的 53%。同期全球天然气产量中约 33% 来自海上气田，约 10.92 亿吨油当量或 35.4 亿立方米 / 天，占到海上能源产量的 46%。尽管当前全球主要经济体都在加速能源革命，推进一次能源消费结构由以化石能源为主向非化石能源转型，但这需要一个时间和过程，未来海上传统油气资源仍是能源供给的重要组成部分。此外，未来海上石油和天然气的增长速度将呈现不同步伐。根据国际能源局预测，预计石油开采量将以每年 0.4% 的速度增长，而天

然气开采量则可能达到每年 1.5%的强劲增速。

（五）海洋旅游业——受疫情冲击严重，疫情后海洋旅游业将呈现快速增长态势

尽管新冠肺炎疫情对海洋旅游的冲击在各海洋产业中最为显著，但过去60 多年以来，全球海洋旅游人数总体保持稳定增长的态势。虽然缺乏国际统计数据，难以估计我国海洋旅游业占国际旅游业的比重，但最近的发现表明，海洋旅游业的增长速度将超过国际旅游业，待全球疫情得到有效控制后，海洋旅游业将呈现出快速增长势头。

（六）海洋新兴产业——海上风电投资热度不减，海洋生物技术发展潜力巨大

大量矿物燃料使用导致全球气候变暖，进而引发了海平面上升、环境严重污染等一系列问题。为了应对这些不利影响，人类开始全面考虑加大对清洁能源的消费需求。全球海上风能的开发较其他清洁能源相对成熟，在过去20 年，海上风电行业已经从最初的小型试点项目发展成新兴产业，并将进一步大幅增长。国际能源署发布的《2019 年世界能源展望》指出，全球海上风电市场未来 20 年预计年增长率 13%—15%，到 2040 年越来越具有成本竞争力的海上风电产业投资规模有望达到 1 万亿美元。

海洋生物技术在解决可持续粮食供应、人类健康、能源安全和环境治理等诸多重大的全球性挑战中具有重要贡献。在健康方面，人们对海洋微生物的兴趣日益增加，尤其是细菌，研究表明它们含有丰富的潜在药物。世界卫生组织已将抗菌耐药性确定为人类健康面临的三大威胁之一，因此寻找新菌株开发药物是一项高度优先的任务，海洋生物具有开发潜力。海洋生物治疗癌症的前景也很乐观。在工业产品以及生命科学产业中，海洋生物技术作为酶和聚合物的新来源也显示了广泛的商业潜力，为许多源自矿石原料的高价值化学品提供了合成替代品的来源，并被广泛应用于环境监测、生物修复和生物污染防治。

（执笔人：朱凌）

4
"十四五"时期我国海洋经济发展政策取向

摘要：《国民经济和社会发展第十四个五年规划和 2035 年远景目标纲要》专章部署"积极拓展海洋经济发展空间"，明确了"十四五"时期海洋工作的方向和重点任务。本报告通过分析比较历次规划中海洋经济内容的演变，认为"十四五"时期我国海洋经济发展的重点方向包括建设现代海洋产业体系、突破一批关键技术、培育壮大海洋新兴产业、提升渔业发展方式、深化发展示范和对外开放等。在研判"十四五"时期我国海洋经济规模、速度、结构、布局和国际合作等方面发展趋势的基础上，提出今后一段时期我国海洋经济在区域协调发展、现代产业体系构建、绿色发展、国际合作和海洋经济治理五个重点领域的主要政策取向。

关键词：经济规划；经济治理；经济政策

一、"十四五"时期我国海洋经济发展的重点方向

海洋经济作为单独一节在规划中表述，最早出现在《国民经济和社会发展第十二个五年规划纲要》（简称"十二五"规划）中并延续至今（表 5-4-1）。2021 年十三届全国人大四次会议审议通过了《国民经济和社会发展第十四个

五年规划和 2035 年远景目标纲要》（简称"十四五"规划）。规划共 19 篇，除了普适性的篇章内容以外，有 11 篇都专门提到海洋工作，特别是在第 9 篇"优化区域经济布局促进区域协调发展"中，用专章"积极拓展海洋经济发展空间"部署海洋工作，阐明了国家在海洋领域的战略意图，明确了"十四五"时期海洋工作的方向和重点任务。通过比较三次规划中海洋经济内容的演变，深化对"十四五"时期我国海洋经济发展着力点的认识，更加明确"十四五"时期我国海洋经济发展的重点方向。

表 5-4-1　历次规划中海洋经济内容对照

具体章节和内容	"十二五"规划	"十三五"规划	"十四五"规划
章	第十四章　推进海洋经济发展	第四十一章　拓展蓝色经济空间	第三十三章　积极拓展海洋经济发展空间
节	第一节　优化海洋产业结构	第一节　壮大海洋经济	第一节　建设现代海洋产业体系
具体内容	科学规划海洋经济发展，合理开发利用海洋资源，积极发展海洋油气、海洋运输、海洋渔业、滨海旅游等产业，培育壮大海洋生物医药、海水综合利用、海洋工程装备制造等新兴产业。加强海洋基础性、前瞻性、关键性技术研发，提高海洋科技水平，增强海洋开发利用能力。深化港口岸线资源整合和优化港口布局。制定实施海洋主体功能区规划，优化海洋经济空间布局。推进山东、浙江、广东等海洋经济发展试点	优化海洋产业结构，发展远洋渔业，推动海水淡化规模化应用，扶持海洋生物医药、海洋装备制造等产业发展，加快发展海洋服务业。发展海洋科学技术，重点在深水、绿色、安全的海洋高技术领域取得突破。推进智慧海洋工程建设。创新海域海岛资源市场化配置方式。深入推进山东、浙江、广东、福建、天津等全国海洋经济发展试点区建设，支持海南利用南海资源优势发展特色海洋经济，建设青岛蓝谷等海洋经济发展示范区	围绕海洋工程、海洋资源、海洋环境等领域突破一批关键核心技术。培育壮大海洋工程装备、海洋生物医药产业，推进海水淡化和海洋能规模化利用，提高海洋文化旅游开发水平。优化近海绿色养殖布局，建设"海洋牧场"，发展可持续远洋渔业。建设一批高质量海洋经济发展示范区和特色化海洋产业集群，全面提高北部、东部、南部三大海洋经济圈发展水平。以沿海经济带为支撑，深化与周边国家涉海合作

（一）建设现代海洋产业体系

海洋产业体系是海洋经济发展的核心。从"优化海洋产业结构""壮大海洋经济"到"十四五"规划"建设现代海洋产业体系"，表明经过 10 年的发展，我国海洋产业结构不断完善，海洋经济总量逐年提升，海洋经济综合实力得到极大增强，已经具备了建设现代海洋产业体系的基础条件。"十四五"期间，需要把发展海洋经济的着力点放在实体经济上，提升海洋产业链供应链现代化水平，推动海洋装备制造业优化升级，发展壮大海洋战略性新兴产业，促进海洋服务业繁荣发展，加快建设陆海统筹的现代化海洋交通运输体系，推进海洋经济高质量发展。

（二）在重点领域突破一批关键核心技术

海洋科技创新是海洋经济发展的战略引领和支撑。从"加强海洋基础性、前瞻性、关键性技术研发，提高海洋科技水平""发展海洋科学技术，重点在深水、绿色、安全的海洋高技术领域取得突破"到"十四五"规划"围绕海洋工程、海洋资源、海洋环境等领域突破一批关键核心技术"，表明在过去的 10 年，我国海洋高技术领域不仅取得了零的突破，而且在海洋重点领域的科技创新能力和数量上均有较大提升。"十四五"期间，需要以提升海洋科技自立自强能力为核心，整合优化海洋科技资源配置，加强海洋重点领域原始性引领性科技攻关，完善海洋科技创新体制机制，在强化国家海洋战略科技力量的同时，进一步提升涉海企业技术创新能力，激发海洋科技人才创新活力，努力突破制约海洋经济发展的科技瓶颈。

（三）培育壮大海洋新兴产业

海洋新兴产业是海洋经济发展的重点领域。从"培育壮大海洋生物医药、海水综合利用、海洋工程装备制造等新兴产业""推动海水淡化规模化应用，扶持海洋生物医药、海洋装备制造等产业发展"，到"十四五"规划"培育壮大海洋工程装备、海洋生物医药产业，推进海水淡化和海洋能规模化利用"，表明我国海洋新兴产业发展增速高、规模小的局面尚未得到根本转变，过去十年间部分海洋新兴产业规模化发展进程缓慢。"十四五"期间需要着眼于抢占产业发展先机，在培育壮大海洋新兴产业方面多下功夫，结合各产业发展现状，大力推动海洋新兴产业规模化、多元化和国产化，努力打造形成一批海洋新兴产业集群。

（四）提升海洋渔业发展方式

海洋渔业是关系民生福祉的重要领域。从"发展海洋渔业""发展远洋渔业"，到"十四五"规划"优化近海绿色养殖布局，建设'海洋牧场'，发展可持续远洋渔业"，表明我国海洋渔业的发展不仅从近海走向了深远海，同时更加注重绿色、健康和可持续发展。"十四五"时期需要大力推动渔业传统生产方式转型发展，严控近海捕捞强度，优化海水养殖布局，积极发展新技术渔业，推进海水养殖集约化、规模化、立体化、智能化和绿色化发展，建设高标准、现代化的"海洋牧场"，在加强渔业资源可持续利用的基础上推进远洋渔业发展。

（五）深化海洋经济发展示范

海洋经济发展试点示范是我国海洋经济创新实验平台。"十二五"期间建立了山东、浙江、广东、福建、天津5个海洋经济发展试点，"十三五"期间设立了威海等15个海洋经济发展示范区，海洋经济发展示范进一步从省级深化至沿海市和产业园区，区域特色更加明显。"十四五"规划提出"建设一批高质量海洋经济发展示范区和特色化海洋产业集群，全面提高北部、东部、南部三大海洋经济圈发展水平"，表明海洋经济发展创新从试点示范到全面推广的转变，并更加注重沿海区域的均衡、协调发展。"十四五"期间需要以海洋经济发展示范区为依托，优化海洋经济布局，打造海洋城市、湾区经济等海洋经济发展新高地，推进沿海经济带协调发展。

（六）深化与周边国家涉海合作

"十四五"规划提出"以沿海经济带为支撑，深化与周边国家涉海合作"，体现了蓝色经济在构建海洋命运共同体中的重要作用，也表明我国海洋经济要加快拓展国际合作领域，完善海洋经济合作平台，将蓝色经济作为我国参与全球海洋治理的重点领域，高质量推进"一带一路"海上合作，在高水平开发开放中维护国家海洋权益。

二、"十四五"时期我国海洋经济发展的基本趋势

"十四五"时期，我国开启全面建设社会主义国家的新征程，海洋经济发展的外部环境和内部条件将发生复杂而深刻的变化。结合"十四五"时期国民经济与社会发展对海洋经济的新需求与新要求，分析并研判"十四五"时期海洋经济发展的基本趋势如下。

（一）海洋经济发展的"新常态"还将会持续，海洋经济增长速度仍将在一个较长时期内探底

海洋经济发展的"新常态"具有三个显著特点：一是发展速度从高速增长向中高速增长转变；二是产业重心从传统产业向新兴产业转变；三是发展动力由要素和投资驱动向创新驱动转变。这三个转变共同推动海洋经济向形态更高级、分工更复杂、结构更合理的方向发展。这个中高速增长不是一两年能过去的，将会持续一个阶段。这是经济发展进入新常态后增速换挡的客观实际，符合典型经济体的一般规律。

（二）海洋经济长期向好的基本面不会改变，海洋经济规模将不断迈向新台阶

我国海洋经济持续保持总体平稳发展势头。根据历年《中国海洋经济统计年鉴》及《中国海洋经济统计公报》数据测算，"十三五"前四年全国海洋

经济年均增速为 6.7%，海洋经济"引擎"作用持续发挥。2019 年全国海洋生产总值 8.9 万亿元，十年间翻了一番，对国民经济增长的贡献率达到 9.1%，拉动国民经济增长 0.6 个百分点。海洋生产总值占国内生产总值的比重连续 15 年保持在 9% 左右，占沿海地区生产总值的比重连续 3 年上升，2019 年超过 17%。海洋经济对沿海地区加快动力转换、保持经济持续稳定增长发挥了重要的作用。2020 年受新冠肺炎疫情冲击和复杂国际环境影响，全国海洋生产总值比上年下降 5.3%，但大部分海洋产业已稳步回升。"十四五"期间海洋经济的增速虽然不会有大幅增长，但总量上依然保持平稳增长趋势，对国民经济特别是沿海地区经济的拉动作用也将继续增强。

（三）海洋产业结构将得到深度调整，海洋服务业主导的经济形态更加明显，海洋第三产业占比将持续增高

过去五年，我国海洋产业结构深度调整。海洋三次产业结构由 2015 年的 5∶42∶53 调整为 2020 年的 5∶33∶62，海洋服务业增加值占比从 2015 年超过 50%，提高到 2020 年超过 60%，海洋经济发展特征日趋明显。海洋渔业发展质量不断提升，"海上粮仓""海洋牧场"建设势头正旺，海洋捕捞与海水养殖比例从 2015 年的 41∶59 调整为 2019 年的 33∶67。海洋新兴产业快速发展并不断壮大，海水淡化日产能力已达到 150 万吨/日，较"十二五"期末增长近 50%；海上风电项目累计装机容量由 2015 年的 1035 MW 增长到 2019 年的 5930 MW。海洋服务业带动作用进一步增强，滨海旅游市场保持供需旺盛的势头，我国海洋旅游业增加值年均增速达 11.7%。同时，邮轮游艇、休闲渔业等新业态不断发展壮大，航运服务、涉海金融服务等产业保持稳步增长态势，海洋信息服务、海洋新材料等新兴业态不断涌现。

"十四五"时期是我国海洋产业结构调整和转型升级的攻坚期，海洋传统产业提质增效步伐将进一步加快，海洋新兴产业将会继续保持较高的增长速度，海洋服务业带动作用进一步增强。特别是在 2021 年"两会"上，碳达峰、碳中和被首次写入政府工作报告，我国承诺 2030 年前二氧化碳排放达到峰值，2060 年前实现碳中和。"双碳"目标的提出将进一步助推海洋产业的结

构升级。二氧化碳的"生命周期"很长，想要在 2030 年实现碳达峰，必须提早规划进行能源结构转型，因此，"十四五"时期对整个目标的实现至关重要。一是海上风电场规模将进一步扩大，潮流能、波浪能等海洋清洁能源的商业化、规模化开发也将加快步伐，对新能源技术研发的投入将进一步加大。二是海洋油气业、海洋修造船、海洋化工、传统高耗能海洋产业将加快绿色转型升级。与此同时，在产业链条的延展上，制造业服务化和服务业制造化，制造业和服务业相互融合发展将成为"十四五"海洋经济发展的一个趋势。

（四）海洋经济空间布局将进一步优化，沿海区域一体化进程和协调发展步伐将会进一步加快

国家总体发展战略、区域发展战略和行业发展战略共同形成了新时代国家发展战略体系。在这些重大战略部署中，区域发展战略重点区域多数位于东部沿海地区，总体发展战略和行业发展战略中的大部分重点区域也都与海洋紧密关联，比如创新驱动、区域协调、可持续发展、国家安全以及海洋强国、制造强国、科技强国、交通强国、贸易强国。在这样的战略部署下，沿海区域一体化进程和协调发展步伐必然进一步加快，东部地区率先发展的示范引领作用也必然更加凸显。

（五）海洋经济在支撑国内国际双循环新发展格局中的作用日益增强，在高水平对外开放中的地位不可替代

海洋是高质量发展的战略要地，海洋经济在构建新发展格局中将会发挥越来越重要的作用。一是在拉动内需、改善民生方面的贡献日益增强。健康的海洋能够为人们提供高品质的海产品、宜居的生活环境、休闲度假胜地，尽管 2020 年受新冠肺炎疫情影响，海洋旅游业受到冲击严重，但 2021 年已呈现复苏态势。二是在推动高水平对外开放发展中扮演着举足轻重的角色。据海关统计，2020 年，我国货物贸易进出口总值为 32.2 万亿元，占国内生产总值近 1/3，其中 90% 的运输量都是通过海上运输完成的。我国的海运基础设施和港口运营能力位居世界前列，沿海超过亿吨的国际港口达 24 个，港口

货物和集装箱吞吐量均位居世界第一位，拥有世界上最大的集装箱船队，商船航迹遍布世界 1200 多个港口。海洋运输线已经将我国与全球市场紧密相连，而且这一网络始终在不断扩大。三是海洋经济在构建海洋命运共同体中的作用愈显突出，目前全球海洋治理体系的议题涵盖海洋环境、气候变化、资源与生态、蓝色经济、发展与安全等诸多领域且相互交织。特别是近几年"蓝色经济"成为全球新热点，一些国家和国际组织纷纷制订专项计划促进蓝色经济发展，蓝色经济将成为我国参与全球海洋治理的重要领域。

三、"十四五"时期我国海洋经济发展的重点政策取向

"十四五"时期，我国海洋经济发展要以习近平新时代中国特色社会主义思想为指导，深入贯彻落实习近平总书记关于海洋强国建设的重要论述精神，坚持陆海统筹，把新发展理念贯穿海洋经济发展全过程和各领域，以推动海洋经济高质量发展为主题，以深化供给侧结构性改革为主线，建立健全海洋经济治理体系，完善促进和保障海洋经济发展的各类政策，推进海洋强国建设迈向新阶段。

（一）落实海洋强国战略和国家沿海区域发展战略

《国民经济和社会发展第十四个五年规划和 2035 年远景目标纲要》设置"积极拓展海洋经济发展空间"专章，并明确提出，"建设一批高质量海洋经济发展示范区和特色化海洋产业集群，全面提高北部、东部、南部三大海洋经济圈发展水平"。目前，三大海洋经济圈基本形成，根据各自的资源禀赋和发展潜力，三大经济圈在定位和产业发展上有所区别，在落实海洋强国战略和承接国家沿海区域发展战略上发挥着不同的作用。"十四五"时期，北部海洋经济圈重点发展方向是优化京津冀临海产业结构和布局，培育黄河三角洲高效生态经济；东部海洋经济圈重点方向是结合"一带一路"、长江经济带和长三角一体化区域发展战略需求，深入推进海洋经济一体化发展；南部海洋经济圈重点方向是推动粤港澳大湾区海洋经济协调发展，打造海南岛全

岛开发保护新格局。

（二）构建现代海洋产业体系是海洋经济高质量发展的核心内容

构建现代海洋产业体系不仅是"十四五"规划对海洋经济发展的指引，也是海洋经济自身发展的内在要求，包括海洋领域科技创新、海洋产业结构优化、涉海金融服务提升、海洋人才培养四个方面。

加快海洋科技创新。统筹科技资源配置，强化国家海洋科技创新战略力量，提升企业在海洋领域的科技创新能力，加快海洋领域关键核心技术攻关和科技成果市场化应用，优化海洋科技原始创新和源头创新供给，构建与国家战略和市场需求紧密结合的海洋科技创新体系。

优化海洋产业结构。改造和提升传统海洋产业，壮大海洋战略性新兴产业，加快发展现代海洋服务业，增强产业核心竞争力，推进产业链、供应链现代化。推动数字经济与海洋产业深度融合，培育新产品、新模式、新业态、新产业，推进海洋产业数字化。不断壮大涉海实体经济，培育涉海龙头企业，带动涉海中小企业发展，支持创新型涉海企业发展。

提升涉海金融服务能力。推动现代金融与海洋产业紧密融合，鼓励各类金融机构运用信贷、基金、保险、融资租赁等金融手段，创新投融资模式，开展产业链和供应链融资业务，创新涉海保险产品，发挥保险服务对海洋产业发展的保障作用。鼓励涉海企业直接融资，加大海洋产业基金对科技型涉海企业的支持力度。

加强海洋人才队伍培养。支持有条件的高校和科研院所建设海洋领域未来技术学院和现代产业学院，重点引进、培养一批面向海洋资源开发利用前沿的科学家和优秀人才。鼓励职业院校开设海洋专业，加快培养和壮大海洋领域高水平工程师和高技能人才队伍。依托海洋科普和意识教育基地，进一步加大中小学校海洋教育深度和广度。

（三）推进海洋经济绿色转型是海洋经济高质量发展的根本要求

海洋是人类生存和发展的重要空间，绿色发展是海洋经济的必由之路，也是助推我国实现"双碳"目标的关键。只有践行"绿水青山就是金山银山"理念，坚持发展中保护和保护中发展，才能实现海洋经济的高质量、可持续发展。

全面提高海洋资源利用效率。严格用海产业活动的分类用途管控，严控海域开发规模和强度，提高各类海洋产业集约节约用海标准，严格限制低水平、同质化、高能耗、高污染建设项目准入。积极探索海域立体综合利用模式，提高港口综合利用效率，推进临港、临海产业园区集约高效发展，调整优化区位临近、产业趋同的园区集中布局。

推进海洋生态产品价值实现。增强优质海洋生态产品供给能力，严格保护海洋生态产品生产环境，提升海洋生态系统物质供给、调节服务和文化服务等生态产品供给能力。加快海洋生态修复技术、节能减排技术、新材料新能源技术和智能化制造技术等的推广应用，提升海洋生态技术保障能力。建立海洋生态产品价值核算机制，综合考虑海洋生态产品类型、生态保护与产品开发成本和市场需求等，构建海洋生态产品价值核算体系。对不同类型的海洋生态产品，采取政府、市场、政府＋市场等多种模式，探索建立多元化价值实现方式，完善海洋生态产品价值实现路径。坚持受益者付费、保护者受益原则，推进海洋生态补偿。

推广海洋绿色低碳和循环产业。引导企业和市场在节能减排和循环利用等方面提出举措、采取行动。鼓励发展低能耗、低排放的海洋服务产业和高技术产业，对海洋油气、海洋化工、海洋交通运输等高耗能产业实施节能减排，加快淘汰落后过剩产能。加快绿色港口建设，鼓励新增和更换港区作业机械等优先使用新能源和清洁能源，加快提升港口岸电比例。鼓励发展海洋清洁能源，支持海岛建设多能互补的独立电力系统。推行清洁生产方式，强化源头控制，支持清洁生产技术的示范和推广应用，鼓励发展海洋绿色环保产业，大力发展海洋循环经济。

提升海洋生态系统质量和稳定性。强化海洋生态系统整体保护修复，保护并有效恢复海洋生态系统承载能力，分区分类开展受损海洋生态系统修复。实施海洋生态保护修复重大工程，采取强制性保护措施，确保典型海洋生态系统的完整性和生态系统服务功能不降低。完善海洋生态保护修复监管机制，加强重点区域海洋生态系统状况和保护开发情况的监测评估，对重要海洋生态功能区和生态敏感脆弱区实施动态监管，建立健全监督、反馈与问责机制，推动各级政府落实海洋生态保护修复责任，强化部门间协同执法。

（四）推进蓝色经济国际合作是海洋经济高质量发展的必由之路

蓝色经济国际合作领域涵盖诸多方面，包括保护海洋生物资源、保障粮食安全、打击非法、不报告和不管制（IUU）捕鱼，开发和利用海洋清洁能源，利用蓝色大数据加强海洋综合管理、海洋污染防治，以及逐渐兴起的蓝色金融等。具体政策取向包括如下内容。

提升重点领域制度性规则制定能力。在国际海底区域矿产资源开发、海洋应对气候变化、海洋生态系统与生物多样性保护、海洋资源开发、海洋环境保护、海洋防灾减灾等领域深度参与国际规则和规范制定。在无人航运、船舶智能制造、绿色港口、海洋油气资源勘探开发等领域，发起或参与制定国际性或区域性技术标准和行动准则。深化重点海洋产业和领域的国际合作，全面提升我国在参与全球海洋治理中的话语权和主导权。

拓展蓝色经济合作领域。深化海洋产业合作，鼓励涉海企业、科研院所与国外涉海机构开展联合培养和技术交流，开拓高端船舶和海工装备的国际市场，支持建立海外研发中心及生产、销售服务基地。拓展海洋领域第三方市场合作，支持跨国公司和企业总部在华设立分支机构，促进企业间优势互补、共同发展、合作共赢。加强海洋科教合作，发起或深度参与国际海洋科技合作计划，联合开展海洋科学调查，加强中外合作办学和人才交流，提供中国政府奖学金，资助国外相关专业学生来华学习，推动海洋相关专业学历学位互认和资格互认。

推进蓝色经济融资。引导金融机构参与全球海洋治理，支持深圳设立国际海洋开发银行，鼓励开发性、政策性和国有控股金融机构参与境外涉海基础设施建设和产能合作。鼓励通过发行蓝色债券、设立蓝色基金等方式，创新蓝色金融服务模式。鼓励和引导保险机构创新保险产品，完善海外投资保险业务。支持涉海融资租赁开展国际业务，拓展国际市场。依托亚洲基础设施投资银行、金砖国家开发银行、上海合作组织开发银行和"丝路基金"等机构，加强蓝色经济金融合作。

（五）提升海洋经济治理能力是海洋经济高质量发展的重要支撑

科学有效的海洋经济治理是实现海洋经济高质量发展的重要保障和客观要求。"十四五"时期，提升海洋经济治理效能，重点是建立健全海洋经济治理体系，完善促进海洋经济发展的各类政策，建立健全海洋经济政策实施机制，加强预期管理和政策手段的协调配合，提高海洋经济治理的针对性、协同性和时效性。

完善海洋经济政策工具。充分发挥财政政策的激励作用，统筹涉海各类财政专项资金的使用，积极探索财政资金和社会资本合作，扶持引导海洋产业转型升级。发挥投融资政策的供给优化作用，优化海洋领域投融资市场环境，引导各类金融机构各有侧重地支持海洋经济发展。发挥用地用海政策的供给调控作用，加强海岸带土地、海域、无居民海岛用途管控，加强行业用海的精细化管理，完善养殖、港口、风电及临海产业等用地用海管控政策。发挥生态环保政策的刚性约束作用，严守生态保护红线、环境质量底线、资源利用上线和生态环境准入清单。

加强海洋经济政策实施机制建设。包括建立健全海洋经济政策协调机制，加强涉海行业主管部门间的沟通与协同，完善全国海洋经济发展部际联席会议制度，协调解决海洋经济发展中的重大问题，形成政策执行合力。完善市场主体引导机制，通过组建各类涉海行业协会、商会或产业联盟，形成政企民多方参与的综合协调机制，在更好地发挥政府作用的同时，依靠市场机制和社会协同力量，维护海洋经济运行稳定。强化海洋经济政策调节机制，针对新情况、新问题及时加以调整完善，增强政策执行的连续性和应变性，加强涉海政策宣传解读，回应社会关切，稳定市场预期。

提高各级政府海洋经济决策能力。包括加强海洋经济运行监测评估，提升对海洋经济运行的综合评估分析能力。加强海洋经济预警能力建设，强化风险意识和底线思维，提高对海洋经济发展趋势的预判能力和风险防范能力。提升现代技术手段辅助治理能力，充分运用现代信息技术手段，加快大数据、云计算、区块链、5G、人工智能等在海洋经济管理领域的应用。强化沿海各级管理力量配备，提升海洋经济管理决策和支撑能力。

（执笔人：赵鹏）

参考文献

［1］Anon. A Water Sector Assessment Report on the Countries of the Cooperation Council of the Arab States of the Gulf［R］. Washington: The World Bank, 2005.

［2］Anon. Doosan Heavy Industries & Constructure 1962—2012 50 Years of Excellence［EB/OL］. http://www. doosanheavy. com/download/pdf/media/annual_2011/2011AR_en. pdf, 2011.

［3］Anon. Kuwait Statistical Year Book: Chapter 5 Fresh & Brackish Water Network［R］. Kuwait：Kuwait Ministry of Electricity & Water, 2009.

［4］Clarksons Research. Offshore Yard Monitor. 2021, 5（8）：12-17. ISSN 2050-2087.

［5］贝亦江，周凡，施文瑞，朱凝瑜，丁雪燕，马文君. 新冠肺炎疫情期间浙江省养殖渔情形势分析及发展建议［J］. 浙江农业科学，2020，61（12）：2625-2628＋2638.

［6］蔡勤禹，魏德志，霍春涛. 近年来我国海洋旅游变迁述论［J］. 海洋科学，2010，34（11）：72-77.

［7］曾敏，肖静怡，卢丽平. 金融支持海洋产业经济发展的研究［J］. 全国流通经济，2020（21）：125-126.

［8］陈璠. 海洋行政执法有了"智慧大脑"［N］. 天津日报，2020-04-24.

［9］陈佳莹. 让开放之门越开越大——浙江扩大对外开放综述［N］. 浙江日报，2018-05-08.

［10］陈玲娜. 海上风电的发展现状和前景分析［J］. 中国高新科技，2020，73（13）：75-76.

［11］陈美伊. 新时代海洋金融发展现状与对策探析［J］. 区域金融研究，2020（5）：55-59.

［12］陈思薇，梁贤军，马仁锋. 基于SSM的秦皇岛滨海区域旅游产业优化研究［J］. 海洋经济，2013，3（6）：34-38.

［13］迟福林. 大枢纽，大平台［EB/OL］.（2021-04-07）. 海南自由贸易港网站，http://www. hnftp. gov. cn/zdcx/zjgd/202104t20210407_3317136. html.

［14］崔晓菁. 中国海洋资源开发现状与海洋综合管理策略［J］. 管理观察，2019（17）：63-64.

［15］崔晓雪. 临港造修船基地码头实现口岸对外开放［N］. 天津工人报，2021-03-03.

［16］丁皓，胡福初. 我国银行信贷与海洋渔业发展的关系研究［J］. 中国集体经济，2014（30）：32-33.

［17］丁黎黎，杨颖，李慧. 区域海洋经济高质量发展水平双向评价及差异性［J］. 经济地理，2021，41（7）：31-39.

［18］丁黎黎. 海洋经济高质量发展的内涵与评判体系研究［J］. 中国海洋大学学报（社会科学版），2020（3）：12-20.

［19］丁蔚文. 海洋强省，江苏海洋经济正破浪前行［N］. 新华日报，2021-04-30.

［20］丁燕. 疫情后浙江邮轮产业发展思考［J］. 中国水运，2020，672（11）：36-38.

［21］董秀成，董康银，窦悦. 后疫情时代全球能源格局演进和重塑路径研究［J］. 中外能源，2021，26（3）：1-6.

［22］方亮. 我省成立海洋产业技术创新研究院［N］. 中国海洋报，2019-

07-31.

［23］冯浩.我国海洋渔业经济增长影响因素研究［D］.上海：上海海洋大学，2018.

［24］符春媚.发展海洋经济建设海洋强省［N］.海南日报，2017-05-06.

［25］福建省人民政府.发展海洋经济融入海丝建设［N］.福建日报，2018-03-01.

［26］福建省人民政府.福建省国民经济和社会发展第十四个五年规划和二〇三五年远景目标纲要［EB/OL］.（2021-03-02）.福建省人民政府官网，http://zfgb.fujian.gov.cn/9101.

［27］福建省人民政府.加快建设"海上福建"推进海洋经济高质量发展三年行动方案（2021—2023年）［EB/OL］.（2021-05-26）.福建省通信管理局，https://fjca.miit.gov.cn/xwdt/bsyw/art/2021/art_e5cc0d1cba5a41ec8a1075a46df803.html.

［28］福建省人民政府.凝聚共识通力合作推动海洋经济跨越发展［N］.福建日报，2018-04-07.

［29］福建省人民政府新闻办公室.福建举行学习宣传贯彻党的十九届五中全会精神系列新闻发布会（第五场）［EB/OL］.国务院新闻办公室网站，http://www.scio.gov.cn/xwfbh/gssxwfbh/xwfbh/fujian/Document/1695880/1695880.htm，2020-12-18.

［30］福建省自然资源厅.福州市海洋经济发展示范区市场化配置盘活蓝色资源［N］.中国自然资源报，2020-06-19.

［31］福州市连江县人民政府.福州：海洋经济发展示范区建设显成效［EB/OL］.（2019-12-31）.福州市连江县人民政府网站，http://www.fzlj.gov.cn/xjwz/zwgk/gzdt/tpxw_48698/201912/t20191231_3159404.htm.

［32］付玉婷.更专业更"聪明"地使用资本［N］.大众日报，2019-01-15.

［33］傅梦孜，陈旸.大变局下的全球海洋治理与中国［J］.现代国际关系，2021（4）：1-9+60.

［34］傅秀梅.中国近海生物资源保护性开发与可持续利用研究［D］.青岛：

中国海洋大学，2008.

［35］甘水玲，张效莉.沿海城市滨海旅游消费环境的评价研究——以东海区三省一市的八个沿海城市为例［J］.海洋经济，2018（4）：33-50.

［36］高小玲，龚玲，张效莉.全球价值链视角下我国远洋渔业国际竞争力影响因素研究［J］.海洋经济，2018，8（6）：26-39.

［37］龚鸣.构建海洋命运共同体，"一带一路"怎么走？［EB/OL］.中国一带一路网，http://ydyl. china. com. cn/2021-06/10/content_77559079. htm，2021-06-10.

［38］顾阳.2020年外贸进出口同比增长1.9%，出口增长4%——我国外贸规模与份额双创新高［N］.经济日报，2021-01-15.

［39］广东省人民政府.广东省国民经济和社会发展第十四个五年规划和2035年远景目标纲要［EB/OL］.（2021-04-24）.广东省人民政府官网，http://www. gd. gov. cn/zwgk/wjk/qbwj/yf/content/post_3268751. html.

［40］广东省人民政府.广东省沿海经济带综合发展规划（2017—2030年）［EB/OL］.（2017-12-05）.广东省人民政府办公厅官网，http://www. gd. gov. cn/gkmlpt/content/0/146/post_146463. html#7.

［41］广东省自然资源厅，广东省发展和改革委员会，广东省工业和信息化厅.广东省加快发展海洋六大产业行动方案（2019—2021年）［EB/OL］.（2020-01-01）.广东省自然资源厅官网，http://nr. gd. gov. cn/zwgknew/zcfg/flfg/gfxwj/content/post_2793031. html.

［42］广东省自然资源厅.广东海洋经济发展报告（2020—2021）［EB/OL］.广东省自然资源厅官网，http://search. gd. gov. cn/search/all/153?keywords=广东海洋经济发展报告.（2020-2021）.

［43］广西壮族自治区人民政府.广西壮族自治区国民经济和社会发展第十四个五年规划和2035年远景目标纲要［EB/OL］.（2021-04-26）.广西壮族自治区人民政府门户网站，http://www. gxzf. gov. cn/zfwj/zxwj/t8687263. shtml.

［44］广西壮族自治区人民政府办公厅.广西加快发展向海经济推动海洋强

区建设三年行动计划（2020—2022年）［EB/OL］. 广西壮族自治区人民政府门户网站，http://www. gxzf. gov. cn/zfwj/zzqrmzfbgtwj_34828/2020ngzbwj_34844/t6486169. shtml，2020.

［45］郭剑烽. 上海港集装箱吞吐量连续11年世界第一［N］. 新民晚报，2021-02-01.

［46］郭松峤. 辽宁逐梦深蓝谱新篇［N］. 中国海洋报，2019-12-18.

［47］郭永清. 美国政府推动新兴产业发展的机制研究——以海水淡化产业发展为例［J］. 海洋经济，2012，2（6）：56-61.

［48］郭越，宋维玲. 海洋油气助推中国经济发展［J］. 海洋经济，2011，1（2）：52-57.

［49］郭越，杨娜. 欧洲海上风电发展与启示［J］. 海洋经济，2013，3（1）：58-62.

［50］国家发展改革委，外交部，商务部. 推动共建丝绸之路经济带和21世纪海上丝绸之路的愿景与行动［N］. 人民日报，2015-03-29.

［51］国家发展改革委. 聚焦全国海洋经济发展示范区|发展海洋生态经济打造海上生态花园——浙江温州海洋经济发展示范区经验做法》［EB/OL］. 新浪财经网，https://finance. sina. com. cn/wm/2021-06-08/doc-ikqciyzi8496191. shtml，2021-06-08.

［52］国家发展改革委员会. 聚焦全国海洋经济发展示范区|积极发展现代海洋产业努力打造海洋绿色协调发展样板——宁波海洋经济发展示范区经验做法［EB/OL］.（2021-05-22）. 国家发展和改革委员会官网，https://www. ndrc. gov. cn/fzggw/jgsj/zys/sjdt/202105/t20210525_1280720. html.

［53］国家发展和改革委员会，自然资源部. 中国海洋经济发展报告［M］. 北京：海洋出版社，2015.

［54］国家发展和改革委员会，自然资源部. 中国海洋经济发展报告2020［M］. 北京：海洋出版社，2021.

［55］国家海洋局. 中国海洋统计年鉴（2001—2016）［M］. 北京：海洋出版

社，2002—2017.

［56］国家统计局.中国统计年鉴（2016—2019）［M］.北京：中国统计出版
社，2017—2020.

［57］海南省自然资源和规划厅.海南省海洋经济发展"十四五"规划
（2021—2025年）［EB/OL］.（2021-06-09）.海洋知圈，https://mp.
weixin. qq. com/s/0ZSNB2qzN6dTD-NAqRzSWA.

［58］海洋试点国家实验室，新华（青岛）国际海洋资讯中心.全球海洋科
技创新指数报告（2020）［EB/OL］.（2021-01-21）. https://m. maigoo.
com/news/582700. html.

［59］何广顺，丁黎黎，宋维玲.海洋经济分析评估理论、方法与实践［M］.
北京：海洋出版社，2014.

［60］何广顺，王晓惠.海洋及相关产业分类研究［J］.海洋科学进展，
2006，24（3）：365-370.

［61］何广顺.海洋经济稳健复苏产业结构持续优化［N］.中国自然资源报，
2021-04-02.

［62］洪晓文.中国城市海洋发展指数：上海先发优势显著，广州领跑南部
海洋经济圈［N］.21世纪经济报道，2020-10-24.

［63］洪宇翔，刘可欣，任珂宏.集团港口运营板块运输生产再上新台阶
［EB/OL］.（2021-01-15）.浙江海港，https://mp. weixin. qq. com/s/
kWvOz8_F7RGXPNv-LPxOaA.

［64］胡金焱，赵建.新时代金融支持海洋经济的战略意义和基本路径［J］.
经济与管理评论，2018，34（5）：12-17.

［65］胡天勇.我国海运物流发展现状及对策研究［J］.中国物流与采购，
2019（11）：53-54.

［66］黄超，段晓峰，朱凌，郑艳，王涛.广东省海上风电产业发展形势分
析［J］.海洋经济，2018，8（6）：13-19.

［67］黄超，郑艳，朱凌.2018年德国海上风电发展现状分析［J］.海洋经
济，2019，9（2）：60-63.

［68］黄海龙，胡志良，代万宝，辛娟，施汶娟. 海上风电发展现状及发展趋势［J］. 能源与节能，2020，177（6）：51-53.

［69］黄晶. 新冠疫情对海洋可持续发展的影响［J］. 可持续发展经济导刊，2020（8）：15.

［70］贾大山. 中国如何参与全球海运治理［J］. 中国船检，2018（4）：33-36.

［71］贾政. 广州海洋科技创新能力全省第一，南沙邮轮游客增速全国第一［N］. 广州日报，2019-06-11.

［72］江海旭，李悦铮. 山东省滨海城市入境旅游发展研究——基于GM（1，1）模型［J］. 海洋经济，2012，2（2）：49-55.

［73］江苏省科技厅. 省科技成果转化专项资金支持风电产业集聚发展［EB/OL］.（2020-12-18）. 江苏省科技厅网站，http://kxjst. jiangsu. gov. cn/art/2020/12/18/art_12292_9608365. html.

［74］江苏省人民代表大会常务委员会. 江苏省海洋经济促进条例［EB/OL］.（2019-04-04）. 江苏人大网站，http://www. jsrd. gov. cn/zyfb/sjfg/201904/t20190404_512543. shtml.

［75］江苏省自然资源厅. 2020年江苏省海洋经济统计公报［EB/OL］.（2021-05-14）. 江苏省自然资源厅，http://zrzy. jiangsu. gov. cn/gtxxgk/nrglIndex. action?type=2&messageID=2c9082547967bec4017969ae05f00032.

［76］交通运输部，发展改革委，财政部，自然资源部，生态环境部，应急部，海关总署，市场监管总局，国家铁路集团. 关于建设世界一流港口的指导意见［J］. 中国水运，2019（12）：19-22.

［77］交通运输部，发展改革委，工业和信息化部，财政部，商务部，海关总署，税务总局. 关于大力推进海运业高质量发展的指导意见［J］. 中国水运，2020（3）：36-37.

［78］交通运输部. 交通运输行业发展统计公报（2015—2020）［N］. 中国交通报，2016—2021.

［79］靳亚亚，刘依阳，林捷敏.海洋渔业产业结构演变与海洋渔业经济增长的关系研究［J］.海洋开发与管理，2020，37（8）：64-68.

［80］克拉克森研究.回顾2020中国海运贸易-逆流而上［EB/OL］.（2021-03-05）.信德海事网，https://www.xindemarinenews.com/colum-nist/Clarksons%20Research/2021/0304/27671.html.

［81］李博，金校名，杨俊，韩增林，苏飞.中国海洋渔业产业生态系统脆弱性时空演化及影响因素［J］.生态学报，2019，39（12）：4273-4283.

［82］李晨，冯伟，刘大海，赵子毅.中国海洋战略性新兴产业评价指标体系构建与测度［J］.海洋经济，2019，9（3）：8-17.

［83］李瑾.唐山市东北亚地区经济合作窗口城市建设迈出坚实步伐［N］.唐山劳动日报，2020-08-13.

［84］李强，张云，张云霞.辽宁省海洋经济高质量发展研究［M］.南京：东南大学出版社，2020.

［85］李荣.上海海洋经济总量位居全国前列［EB/OL］.（2020-06-08）.新华网，http://www.xinhuanet.com/fortune/2020-06/08/c_1126089007.htm.

［86］李小平.宁波港去年净利增16.56% 年货物吞吐量首破11亿吨［N］.证券时报，2020-01-15.

［87］李岩.海洋药物生态产业国际合作模式研究［D］.青岛：中国海洋大学，2013.

［88］李勇，鞠文杰，薛东升，孙超，率鹏.新冠疫情对海洋工程项目的影响及应对措施［J］.化学工程与装备，2021（2）：272-273＋267.

［89］梁金凤，黄健容.青岛打造全球规模最大海藻生物制品产业基地海藻酸盐产能全球第一［EB/OL］.（2020-11-30）.齐鲁网，http://news.iqilu.com/shandong/yaowen/2020/1130/4712227.shtml.

［90］梁修存，丁登山.国外海洋与海岸带旅游研究进展［J］.自然资源学报，2002，17（6）：783-791.

［91］两国总理见证！"雄程1号"打桩船克罗地亚开工［EB/OL］.中国海洋

工程网，http://www.hellosea.net/Tech/4/61727.html，2019-04-17.

［92］廖静.开启海洋生物医药产业的"黄金时代"［J］.海洋与渔业，2019，299（3）：31-32.

［93］刘东民，何帆，张春宇，伍桂，冯维江.海洋金融发展与中国的海洋经济战略［J］.国际经济评论，2015（5）：43-56+5.

［94］刘华珍，房川军.上海海洋科技创新回顾与展望［EB/OL］.（2019-10-10）.https://m.sohu.com/a/346097944_686936.

［95］刘曲，陈俊侠，沈忠浩.世卫组织：新冠肺炎疫情可称为大流行［N］.新华社，2020-03-12.

［96］刘祎，杨旭.金融支持、海洋经济发展与海洋产业结构优化——以福建省为例［J］.福建论坛（人文社会科学版），2019（5）：189-196.

［97］刘桢，俞炅旻，黄德财，王涛，郑艺多.海上风电发展研究［J］.船舶工程，2020，42（8）：20-25.

［98］鲁文.海洋生态文明建设三年授信200亿元［N］.中国海洋报，2016-11-10.

［99］陆亚男，赵娜，王茜，熊敏思，沈映君.挪威渔业现状及新冠肺炎疫情对挪威渔业的影响［J］.渔业信息与战略，2020，35（4）：307-314.

［100］罗水元.上海海洋生产总值破万亿元多年位居全国前列［N］.新民晚报，2020-06-09.

［101］吕同舟.后疫情时代中国船舶工业何去何从［J］.中国远洋海运，2020（11）：24-25.

［102］吕阳.国际海洋药物研究动态与发展趋势［J］.海洋科学，2018，42（10）：94-102.

［103］马桂婵.厦漳泉滨海旅游一体化发展SWOT分析——以厦漳泉大都市区同城化为背景［J］.海洋经济，2015（5）：34-40.

［104］南海海洋资源利用国家重点实验室.南海海洋资源利用国家重点实验室2020年年度报告［EB/OL］.（2021-02-07）.南海海洋资源利

用国家重点实验室官网，https://hb. hainanu. edu. cn/nanhaihaiyang/
info/1010/1192. htm.

［105］南通海事局. 2020年南通辖区新造船舶66艘315万载重吨［EB/
OL］. 南通海事局网站，https://www. js. msa. gov. cn/art/2021/1/5/
art_278_1216897. html，2021-01-05.

［106］聂洪涛，陶建华. 渤海湾海岸带开发对近海水环境影响分析［J］. 海
洋工程，2008（3）：44-50.

［107］农业农村部渔业渔政管理局. 2020中国渔业统计年鉴［M］. 北京：中
国农业出版社，2020.

［108］潘东兴. 浙江省积极参与长江经济带发展显成效［EB/OL］.
（2021-05-24）. 浙江统计局，http://tjj. zj. gov. cn/art/2021/5/24/
art_1229129214_4644086. html.

［109］齐中熙. 中国企业承建的秘鲁利马绿色海岸项目建成［EB/OL］. 新华
网，http://www. xinhuanet. com/2020-02/28/c_1125640084. htm，2020-
02-29.

［110］前瞻产业研究院. 2020年中国海运行业市场现状与发展趋势分析——
新冠疫情下海运市场发展受挫［EB/OL］.（2021-01-03）. 前瞻经济
学人网站，https://baijiahao. baidu. com/s?id=1687837923204633248&wfr
=spider&for=pc.

［111］钱林峰.《2020年江苏省海洋经济统计公报》解读［N］. 中国自然资
源报，2021-05-06.

［112］曲俊澎. 比港为中国与希腊合作注入新活力［N］. 经济日报，2020-
06-06.

［113］曲俊澎. 科伦坡港口城将打造成斯里兰卡经济社会发展的"新引
擎"［EB/OL］.（2020-08-03）. 中国经济网，http://intl. ce. cn/
qqss/202006/06/t20200606_35059479. shtml.

［114］三亚市自然资源和规划局. 三亚崖州湾科技城总体规划（2018—2035）
［EB/OL］.（2020-08-16）. 三亚市自然资源和规划局官网，http://

zgj. sanya. gov. cn/zgjsite/ghcg/202008/8ee9e0e6dabb48bbb845522f1e22a2
cd. shtml.

［115］厦门市人民政府. 厦门市国民经济和社会发展第十四个五年规
　　　　划和二〇三五年远景目标纲要［EB/OL］.（2021-03-26）. 厦
　　　　门市人民政府官网，http://www. xm. gov. cn/zwgk/flfg/sfwj/202103/
　　　　t20210326_2527296. htm.

［116］上海市人民政府. 上海市国民经济和社会发展第十四个五年规划和
　　　　二〇三五年远景目标纲要［EB/OL］.（2021-01-30）. 上海市人民政
　　　　府官网，https://www. shanghai. gov. cn/nw12344/20210129/ced9958c1629
　　　　4feab926754394d9db91. html.

［117］沈体雁，李帅帅，施晓铭. 中国船舶工业全要素生产率空间格局及其
　　　　影响因素研究［J］. 海洋经济，2018，8（3）：45-55

［118］盛来芳. 基于产业链视角的海水淡化产业发展研究［J］. 海洋经济，
　　　　2013，3（1）：38-42

［119］石雪梅，刘珲. 顶尖"智囊"引领唐山科技创新［N］. 唐山劳动日
　　　　报，2020-12-11.

［120］时智勇，王彩霞，李琼慧. "十四五"中国海上风电发展关键问题
　　　　［J］. 中国电力，2020，53（7）：8-17.

［121］史磊，刘龙腾，秦宏. 新冠肺炎疫情下的水产业发展——冲击、应对
　　　　与长远影响［J］. 中国渔业经济，2020，38（1）：2-7.

［122］史莺. 为壮大海洋产业增添新动能［N］. 今晚报，2020-07-27.

［123］宋维玲，秦雪，李琳琳. 中国与加拿大海洋经济统计口径比较研究
　　　　［J］. 海洋经济，2016，6（5）：55-62.

［124］宋维玲. 解读"十二五"时期海水淡化产业发展难题——以天津市为
　　　　例［J］. 海洋经济，2012，2（4）：30-34.

［125］孙瀚冰，葛彪，刘长俭. 吞吐量保持强劲韧性增长结构持续优化——
　　　　"十三五"期沿海港口吞吐量发展特点及未来展望［EB/OL］.
　　　　（2021-02-26）. 中国交通新闻网，https://www. zgjtb. com/2021-

02/26/content_257624. htm.

［126］孙久文，高宇杰. 中国海洋经济发展研究［J］. 区域经济评论，2021，
　　　（1）：38-47.

［127］孙瑞杰，杨潇，羊志洪，姜丽. 我国海洋经济与国民经济发展比较分
　　　析［J］. 海洋经济，2017，7（5）：58-64.

［128］孙松，臧文潇. 海洋渔业与生态文明［J］. 科技导报，2020，38
　　　（14）：40-45.

［129］覃菲菲. 供给侧结构性改革视角下我国海洋渔业转型升级研究［D］.
　　　广州：广东省社会科学院，2017.

［130］童孟达. 上海国际航运中心未来发展思考［J］. 中国港口，2021
　　　（1）：27-32.

［131］汪为祥，苏勇军. 国内外滨海旅游竞争力研究进展［J］. 海洋经济，
　　　2016，6（1）：59-64.

［132］王波，倪国江，韩立民. 产业结构演进对海洋渔业经济波动的影响
　　　［J］. 资源科学，2019，41（2）：289-300.

［133］王超，李顺章. 中国海洋石油装备技术现状与前景研究［J］. 化工管
　　　理，2019（25）：86-87.

［134］王成，张国建，刘文典，杨新雨，朱妮，申静敏，王志成，刘杨，
　　　程珊，于广利，管华诗. 海洋药物研究开发进展［J］. 中国海洋药
　　　物，2019，38（6）：35-69.

［135］王宏. 着力推进海洋经济高质量发展［N］. 学习时报，2019-11-22.

［136］王华，姚星垣. 海洋经济发展中的技术支撑与金融支持——基于沿海
　　　地区面板数据的实证研究［J］. 上海金融，2016（9）：20-26+37.

［137］王静，刘淑静，侯纯扬，邢淑颖，史玉莲，贾丹. 我国海水淡化产业
　　　发展模式建议研究［J］. 中国软科学，2013（12）：24-31.

［138］王梦萱. 海洋渔业转型升级研究——以舟山群岛新区为例［D］. 舟
　　　山：浙江海洋大学，2017.

［139］王邵萱，高健，刘依阳. 美国海上风电产业发展现状与对策分析［J］.

海洋经济，2017，7（2）：49-54.

［140］王生辉，赵河立.中国海水淡化产业发展环境及市场展望［J］.海洋经济，2012，2（3）：18-21.

［141］王亚楠，陈晓婉.筑梦深蓝，风劲满帆踏潮头［N］.大众日报，2020-11-10.

［142］王亚楠.海洋强省建设，山东乘风破浪［N］.大众日报，2020-12-01.

［143］王艳群.向海而兴向海图强——广西奋力打造向海经济加快建设海洋强区纪实［N］.广西日报，2020-09-27.

［144］王燕.海洋经济与海洋产业研究综述［J］.产业科技创新，2021，3（2）：7-9.

［145］王逸飞，方堃.海上"两山"15年：浙江全面擘画构建海洋经济强省［N］.中国新闻网，2020-08-22.

［146］韦有周，陈羽.基于企业层面分析的海洋新兴产业的金融缺口［J］.海洋开发与管理，2021，38（6）：12-18.

［147］韦有周，杜晓凤，邹青萍.英国海洋经济及相关产业最新发展状况研究［J］.海洋经济，2020，10（2）：52-63.

［148］韦有周，张效莉.英国海上风电产业发展的现状、政策及经验［J］.海洋经济，2012，2（6）：50-55.

［149］韦有周.英国海上风电产业扶持政策演变、最新态势及启示研究［J］.海洋经济，2016，6（4）：59-64.

［150］吴芳芳，张效莉.中国海水淡化产业现状评估及发展对策［J］.海洋经济，2013，3（5）：15-19.

［151］吴黄铭，郑艳，曹晓荣，汤熙祥.基于海藻产业链分析的海洋药物与生物制品产业发展思路［J］.海洋开发与管理，2021，38（5）：3-8.

［152］吴林强，张涛，徐晶晶，郭旺，黄林.全球海洋油气勘探开发特征及趋势分析［J］.国际石油经济，2019，27（3）：29-36.

［153］吴秀.海洋渔业风险管理路径选择研究［D］.上海：上海海洋大学，2017.

［154］吴颖.广东发布海洋生态文明建设行动计划［N］.中国海洋报，
　　　　2016-12-06.

［155］相建海.厚植海洋生物学基础，创新海洋生物技术，赋能蓝色生物产
　　　　业［J］.海洋与湖沼，2020，51（4）：673-683.

［156］向晓梅，张超.粤港澳大湾区海洋经济高质量协同发展路径研究［J］.
　　　　亚太经济，2020（2）：142-148＋152.

［157］肖伟浩.促进我国高端航运服务产业集群发展的思考［J］.港口经
　　　　济，2011（5）：22-25.

［158］谢小芳.建设海洋中心城市促进海洋经济发展［N］.大连日报，
　　　　2020-12-04.

［159］谢玉洪.中国海油"十三五"油气勘探重大成果与"十四五"前景展
　　　　望［J］.中国石油勘探，2021，26（1）：43-54.

［160］徐丛春，李先杰，胡洁，朱凌，于平.发展海洋经济促进天津市经济
　　　　高质量发展的若干建议［J］.海洋经济，2020，10（6）：62-69.

［161］徐海蓉，卢昌彩.新冠肺炎疫情对浙江台州渔业的影响与对策分析
　　　　［J］.中国水产，2020（4）：59-61.

［162］徐凯.航运数字化转型，怎么走？［J］.珠江水运，2021（2）：60-63.

［163］徐晓丽，郑一铭.后疫情时代深远海渔业养殖装备发展动向［J］.中
　　　　国船检，2021（3）：55-58.

［164］许海若.海南自由贸易港建设白皮书（2021）（摘要）［N］.海南日
　　　　报，2021-06-21.

［165］许建平.浙江省海洋油气业与海洋经济转型升级研究［J］.中国海洋
　　　　经济，2016（1）：68-82.

［166］许林，赖倩茹，颜诚.中国海洋经济发展的金融支持效率测算——基
　　　　于三大海洋经济圈的实证［J］.统计与信息论坛，2019，34（3）：
　　　　65-76.

［167］闫佳伟，王红瑞，朱中凡，白琪阶.我国海水淡化若干问题及对策
　　　　［J］.南水北调与水利科技（中英文），2020，18（2）：199-210.

［168］严顺龙.福建省研究推进福州、厦门海洋经济发展示范区等工作［EB/
OL］.（2019-10-13）.台海网，http://www.taihainet.com/news/fujian/
gcdt/2019-10-13/2316088.html.

［169］杨黎静，李宁，王方方.粤港澳大湾区海洋经济合作特征、趋势与政
策建议［J］.经济纵横，2021（2）：97-104.

［170］杨艺凝.可持续发展视域下我国海洋资源现状初探［J］.国土与自然
资源研究，2020（4）：37-38.

［171］杨莹，王秋莲，韩龙，夏妍梦.我国近岸海域入海排污口现状及监管
对策研究［C］.中国环境科学学会科学技术年会论文集：第一卷.南
京，2020：121-124.

［172］姚媛.联合国粮农组织发布《2020年世界渔业和水产养殖状况》报
告［EB/OL］.（2020-06-11）.中国农网，http://www.farmer.com.
cn/2020/06/11/wap_99854872.html.

［173］叶向东.海洋资源可持续利用与对策［J］.太平洋学报，2006（10）：
75-83.

［174］佚名，广东谋划海洋经济"十四五"规划打造万亿级海洋产业集群
［EB/OL］.（2020-09-25）.中投网，http://www.ocn.com.cn/touzi/
chanye/202009/jvqjx25090925.shtml.

［175］于淼.海洋渔业管理制度分析及对我国海洋渔业的启示［J］.江西水
产科技，2019，163（1）：63-64.

［176］于平，徐莹莹，张玉洁.我国海洋产业投资基金发展情况分析和政策
建议［J］.海洋经济，2019，9（6）：11-19.

［177］于帅帅，王亚哲.希腊比雷埃夫斯港邮轮码头扩建工程启动
［EB/OL］.（2020-02-26）.新华网，http://www.xinhuanet.com/
world/2020-02/26/c_1125629577.htm.

［178］俞永均.国际航运中心发展指数排名五年跃升12位，宁波跻身全球航
运中心五强还有多远？［N］.宁波日报，2021-02-05.

［179］原峰，李杏筠，鲁亚运.粤港澳大湾区海洋经济高质量发展探析［J］.

合作经济与科技，2020（15）：4-6.

［180］臧延云.山东省海洋渔业产业综合竞争力分析［D］.烟台：烟台大学，2017.

［181］张海涛.海洋药物的研究现状［J］.广东医科大学学报，2020，38（3）：251-254.

［182］张环宙.浙江省海洋旅游发展对策研究［J］.浙江社会科学，2013（10）：145-148.

［183］张继成.以"三个努力建成"领航加快建设"海洋强市"［N］.唐山劳动日报，2020-07-24.

［184］张健，李佳芮，杨璐，李潇.中国滨海湿地现状和问题及管理对策建议［J］.环境与可持续发展，2019，44（5）：127-129.

［185］张善文，黄洪波，桂春，鞠建华.海洋药物及其研发进展［J］.中国海洋药物，2018，37（3）：77-92.

［186］张淑贤.2020新华-波罗的海国际航运中心指数发布上海首次跻身前三［EB/OL］.（2020-07-11）.证券时报网，http://www.stcn.com/kuaixun/cj/202007/t20200711_2125443.html.

［187］张舒平.山东海洋经济发展四十年：成就、经验、问题与对策［J］.山东社会科学，2020（7）：153-157+187.

［188］张玮炜.海洋中心城市，大连要这样建［N］.大连日报，2020-04-16.

［189］张晓静.2022年基本建成富有竞争力的现代化港口群［N］.河北经济日报，2019-03-28.

［190］张效莉，张从容.欧洲海上风力发电产业比较研究［J］.海洋经济，2014，4（5）：55-62.

［191］张学刚.智慧港口如何开启"加速跑"？［N］.中国水运报，2020-10-16.

［192］张益畅，孙艳超，黄胜铭，汪奇兵，黄宁，王宁.海洋石油开发进展研究［J］.内蒙古石油化工，2019，45（6）：116-118.

［193］张月，仇燕苹.江苏省滨海旅游竞争能力分析［J］.海洋经济，

2011，1（4）：53-56.

［194］赵婵. 中国海洋油气开发的战略规划探讨［J］.中外企业家，2019
（18）：129-130.

［195］赵贤钰. 天津首单船舶离岸融资租赁业务落地东疆［N］.滨海日报，
2020-01-17.

［196］赵昕，单晓文，丁黎黎，薛岳梅. 绿色债券在海洋经济领域的应用分
析［J］.海洋经济，2020，10（6）：1-7.

［197］赵昕，李慧. 澳门海洋经济高质量发展的路径［J］.科技导报，
2019，37（23）：39-45.

［198］赵昕，张琦，丁黎黎. 绿色金融支持海洋经济高质量发展保障体系研
究［J］.海洋经济，2020，10（3）：1-7.

［199］浙江省国资委. 宁波舟山港2020年完成货物吞吐量11.72亿吨同比增
长4.7%［EB/OL］.（2021-01-26）.国务院国有资产监督管理委员会
网站，http://www. sasac. gov. cn/n2588025/n2588129/c16624139/content.
html.

［200］浙江省生态环境厅. 2019年浙江省生态环境状况公报［EB/OL］.
（2020-06-04）.浙江省生态环境厅官网，http://sthjt. zj. gov. cn/
art/2020/6/4/art_1201912_44956625. html.

［201］浙江省政府办公厅. 浙江省海洋经济发展"十四五"规划［EB/
OL］.（2021-06-04）.浙江省人民政府官网，http://www. zj. gov. cn/
art/2021/6/4/art_1229505857_2301550. html.

［202］镇璐，诸葛丹，汪小帆. 绿色港口与航运管理研究综述［J］.系统工
程理论与实践，2020，40（8）：2037-2050.

［203］郑慧，代亚楠. 中国海洋渔业空间生态格局探究——以我国沿海11个
省市为例［J］.海洋经济，2019，9（4）：44-54.

［204］郑慧，赵昕，周璐. 基于PPP模式的海洋灾害保险合作模式分析［J］.
海洋经济，2020，10（1）：3-12.

［205］郑鹏. 中国海洋资源开发与管理态势分析［J］.农业经济与管理，

2012（5）：81-86.

［206］政企合力构建起产业链的核心竞争力泰州造船完工量占全国1/4［EB/OL］.（2021-03-04）.船海装备网，https://www. shipoe. com/news/show-40572. html.

［207］中共中央，国务院. 海南自由贸易港建设总体方案［EB/OL］.（2020-06-01）.中华人民共和国中央人民政府官网，http://www. gov. cn/zhengce/2020-06/01/content_5516608. htm.

［208］中共中央，国务院. 粤港澳大湾区发展规划纲要［EB/OL］.（2019-02-18）.中华人民共和国中央人民政府官网，http://www. gov. cn/zhengce/2019-02/18/content_5366593. htm#1.

［209］中国储能网新闻中心. WFO公布2020年全球海上风电数据［EB/OL］.（2021-02-19）.中国储能网，http://escn. com. cn/news/show-1177537. html.

［210］中国船舶工业年鉴编辑委员会. 中国船舶工业年鉴2019［M］.船舶工业协会，2019.

［211］中国船舶工业行业协会. 2020年中国船舶工业经济运行分析［EB/OL］.国际海事信息网，http://m. simic. net. cn/news_show. php?id=244682，2021-1-29.

［212］中华人民共和国国民经济和社会发展第十二个五年规划纲要［N］.新华社，2011-03-17.

［213］中华人民共和国国民经济和社会发展第十三个五年规划纲要［N］.新华社，2016-04-17.

［214］中华人民共和国国民经济和社会发展第十四个五年规划和2035年远景目标纲要［N］.新华社，2021-03-12.

［215］周一新. 论我国海洋渔业发展中的问题及对策探究［D］.舟山：浙江海洋大学，2016.

［216］朱庆平，史晓明，詹红丽，江桦. 我国海水利用现状、问题及发展对策研究［J］.中国水利，2012（21）：30-33.

［217］朱彧. 上海海洋经济总量平稳增长占全市GDP近三成［EB/OL］.（2019-06-18）. 中国海洋在线，https://www. lgxc. gov. cn/contents/9/20085. html.

［218］自然资源部. 2019年全国海水利用报告［EB/OL］.（2020-10-10）. http://gi. mnr. gov. cn/202010/t20201015_2564968. html.

［219］自然资源部. 全国海水利用报告［EB/OL］.（2019-12-30）. http:// www. mnr. gov. cn/sj/sjfw/hy/gbgg/qghslybg/.

［220］自然资源部. 中国海洋经济统计公报（2016—2020）［EB/OL］. 中国海洋信息网，http://www. nmdis. org. cn/hygb/zghyjjtjgb/，2017—2021.

［221］自然资源部. 中国海洋经济统计年鉴2018［M］. 北京：海洋出版社，2019.

［222］自然资源部. 中国海洋统计年鉴2017［M］. 北京：海洋出版社，2018.

［223］自然资源部海洋发展战略研究所《中国海洋发展报告》编写组.《中国海洋发展报告（2019）》发布［N］. 中国海洋报，2019-08-19.

［224］邹任平. LNG船在新冠疫情期间安全运营策略初探——以海洋石油301（LNG）船为例分析［J］. 广州航海学院学报，2020，28（2）：24-27.

［225］邹智深，苏勇军. 国内滨海旅游研究进展与展望［J］. 海洋经济，2015，5（4）：18-25.

［226］"中国海洋工程与科技发展战略研究"海洋生物资源课题. 蓝色海洋生物资源开发战略研究［J］. 中国工程科学，2016，18（2）：32-40.

［227］《海洋大辞典》编辑委员会. 海洋大辞典［M］. 沈阳：辽宁人民出版社，1998.

［228］《珠江水运》编辑部. 联合国发布《2020全球海运发展评述报告》［J］. 珠江水运，2021（2）：74-75.